DEUTSCHE
DEMOKRATISCHE
REPUBLIK
DEUTSCHE AKADEMIE
DER
LANDWIRTSCHAFTS-
WISSENSCHAFTEN
ZU BERLIN

SITZUNGSBERICHTE

1970 · Band XIX · Heft 2

W. Gampe, E. Ehwald, D. Eich, V. Koepke,
P. Kundler, F. Berg, K. Kolbitz, H. Schlicht

Aufgaben zur sozialistischen Intensivierung der Landwirtschaft

Mit 1 Abbildung

AKADEMIE-VERLAG · BERLIN · 1971

Gehalten vor dem Plenum
der Deutschen Akademie der Landwirtschaftswissenschaften zu Berlin
am 24. 6. 1970 in Markkleeberg

Herausgeber: Deutsche Demokratische Republik
Deutsche Akademie der Landwirtschaftswissenschaften zu Berlin
Erschienen im Akademie-Verlag GmbH, 108 Berlin, Leipziger Straße 3–4

Lizenznummer: 202 · 100/456/71
Herstellung: IV/2/14 · VEB Werkdruck, 445 Gräfenhainichen · 3542
Bestellnummer: 2141/19/2 · ES 22 A, 22 B
EDV-Nr.: 761 542 4
5,–

Inhalt

Wolfgang Gampe

Ökonomische Probleme der sozialistischen Intensivierung der Landwirtschaft im Perspektivplanzeitraum

Die Auswertung des 13. Plenums des Zentralkomitees der Sozialistischen Einheitspartei Deutschlands läßt die große Bedeutung und Aktualität des Problems der sozialistischen Intensivierung deutlich erkennen. Sie unterstreicht den auf der 2. erweiterten Plenartagung am 13. März 1970 gegebenen Hinweis Gerhard Grünebergs, den fehlenden theoretischen Vorlauf auf dem Gebiet der sozialistischen Intensivierung der Landwirtschaft schnellstens zu überwinden. Die 4. Plenartagung steht daher im Zeichen der Auswertung des 13. Plenums. Sie soll den Auftakt zur Verstärkung der Arbeit zur sozialistischen Intensivierung in Theorie und Praxis geben. In den folgenden Ausführungen soll ein Standpunkt zu theoretischen Fragen der sozialistischen Intensivierung dargelegt, und es sollen besonders solche Probleme in den Mittelpunkt gestellt werden, die über den bisherigen Erkenntnisstand, wie er z. B. in den Sitzungsberichten der Deutschen Akademie der Landwirtschaftswissenschaften, Band 17, Heft 4 und 5, veröffentlicht ist, hinausgehen. Es soll also keine Neuauflage der dort veröffentlichten Gedanken gegeben, und auch das Vollständigkeitsprinzip zu allen Fragen der sozialistischen Intensivierung kann nicht eingehalten werden, sondern das Hauptanliegen besteht darin, neue Probleme, die aus der gesellschaftlichen Entwicklung erwachsen sind, und entsprechende Lösungen zur Diskussion zu stellen, um damit eine Zielrichtung für die Forschungsarbeit aufzuzeigen und um Impulse für praktisches Handeln der Genossenschaftsmitglieder und Landarbeiter sowie für die staatliche Leitung auszulösen. Dem Beitrag liegen die Beschlüsse von Partei und Regierung, insbesondere die des VII. Parteitages, des X. Deutschen Bauernkongresses, des 12. und 13. Plenums des Zentralkomitees der SED zugrunde sowie die Arbeiten der Klassiker des Marxismus-Leninismus und neue Literatur, insbesondere das Werk „Politische Ökonomie des Sozialismus und ihre Anwendung in der DDR".

Er enthält Ergebnisse der Einschätzung zur wissenschaftlichen Bearbeitung und Durchsetzung der sozialistischen Intensivierung und Rationalisierung – ein Material, das von der Kommission Ökonomik und Mechanisierung ausgearbeitet wurde – sowie Resultate massenstatistischer Untersuchungen der Hochschule für LPG in Meißen und schließlich einige Analysenergebnisse der Lehr- und Versuchsgüter, die von der Güterdirektion der DAL zur Verfügung gestellt wurden.

Die in diesen Unterlagen enthaltenen Probleme lassen sich in folgender Gliederung zusammenfassen:

1. Bedeutung und Aktualität des Themas
2. Theoretische Probleme der Intensivierung und Lösungsmöglichkeiten für die Landwirtschaft
   2.1. Ziel und Inhalt der sozialistischen Intensivierung
   2.2. Hauptwege und Quellen der sozialistischen Intensivierung
   2.3. Schwerpunkte der Intensivierung im Perspektivplanzeitraum
3. Schlußfolgerungen für die agrarökonomische Forschung

1. Bedeutung und Aktualität des Themas

Die Bedeutung der sozialistischen Intensivierung wird durch das ökonomische Grundgesetz des Sozialismus offenkundig. In der Abhandlung „Politische Ökonomie des Sozialismus und ihre Anwendung in der DDR" wird das Grundgesetz des Sozialismus wie folgt formuliert:
„Ständige Erweiterung, Vervollkommnung und Intensivierung der sozialistischen Produktion und Reproduktion auf der Basis des wissenschaftlich-technischen Höchststandes zur Stärkung der sozialistischen Ordnung, der ständig besseren Befriedigung der materiellen und kulturellen Bedürfnisse der Bürger, der Entfaltung ihrer Persönlichkeit und ihrer sozialistischen gesellschaftlichen Beziehungen." (S. 237)
Die sozialistische Intensivierung ist demnach ein entscheidendes Element der sozialistischen Produktion und Reproduktion zur Erfüllung der Ziele des sozialistischen Grundgesetzes. Das ökonomische Grundgesetz des Sozialismus umfaßt und durchdringt alle Seiten und alle Phasen des gesellschaftlichen Reproduktionsprozesses. Die sozialistische Intensivierung ist daher ein gesetzmäßiger Prozeß, der die gesamte Volkswirtschaft betrifft und der der Erfüllung des Zieles der sozialistischen Produktion dient.
Mit dieser These wird der Auffassung widersprochen, nach der die sozialistische Intensivierung ein spezifisches Problem der Landwirtschaft sei, während die Definition des Grundgesetzes des Sozialismus doch sehr deutlich zum Ausdruck bringt, daß es sich hier um eine gesetzmäßige Entwicklung der Produktivkräfte und Produktionsverhältnisse handelt, die für den gesamten Bereich der Volkswirtschaft Bedeutung hat. Das wird auch durch eine weitere These aus dem Werk „Politische Ökonomie . . ." (S. 292) unterstrichen, die zum Ausdruck bringt, daß das ökonomische Hauptanliegen bei der Meisterung der wissenschaftlich-technischen Revolution im Sozialismus die Intensivierung des gesamten Reproduktionsprozesses ist.
Die Thesen des Zentralkomitees der KPdSU zum 100. Geburtstag Lenins unterstreichen diesen Standpunkt: „Die Volkswirtschaft der UdSSR ist jetzt

in ein Stadium eingetreten, in dem die Intensivierung der Produktion immer mehr zu ihrer wichtigsten Entwicklungsrichtung wird." (1970, S. 54). Man erkennt, daß dieser Begriff viel weiter gefaßt wird, als wir ihn bisher zu verstehen gewohnt waren, und daß wir ihn nicht nur als spezifisches Problem für die Landwirtschaft sehen dürfen. Natürlich hat er für die Landwirtschaft eine besonders große Bedeutung. So vollzieht sich seit 1945 in der Landwirtschaft der DDR ein ununterbrochener Intensivierungsprozeß, der seit diesem Zeitpunkt immer stärker in den Mittelpunkt der agrarpolitischen und agrarökonomischen Aufgabenstellung rückt.

Im Prozeß der gesellschaftlichen Entwicklung und einer verschärften Klassenauseinandersetzung mit dem Imperialismus ergeben sich qualitativ und quantitativ neue Aufgaben und veränderte Bedingungen für den Intensivierungsprozeß mit dem Ziel, alle dem Sozialismus eigenen Vorzüge und Triebkräfte zu nutzen.

Die höhere Aufgabenstellung wird durch das Streben nach Pionier- und Spitzenleistungen auf der Grundlage der Losung „Überholen ohne einzuholen" gekennzeichnet, die sich für den Perspektivplanzeitraum wie folgt abstecken läßt:

1. Erhöhung des Entwicklungstempos der Arbeitsproduktivität. Auf Grund prognostischer Arbeiten muß heute eingeschätzt werden, daß die jährlichen Zuwachsraten im Nettoproduktionszuwachs je Arbeitskraft von durchschnittlich 6 % nicht ausreichen, um die aus der Wissenschafts- und Wirtschaftsprognose abgeleiteten Ziele zu erfüllen. Es sind Mindestzuwachsraten von jährlich 8–10 % anzustreben. Diese Steigerung muß sich insbesondere auf eine steigende Produktion gründen und so zu sinkenden Kosten je Produktionseinheit und erhöhter Fondseffektivität führen.

2. Die höhere Zielstellung erfordert nicht nur auf ökonomischem Gebiet, sondern auch auf dem Gebiet der Persönlichkeitsentwicklung, besonders bei Entwicklung des sozialistischen Bewußtseins und der Qualifizierung der Genossenschaftsmitglieder und Landarbeiter, größere Anstrengungen. Nach prognostischen Einschätzungen müssen die Maßnahmen zur Erhöhung der Qualifizierung besonders verstärkt werden. Die Ausbildungspläne des Perspektivplanzeitraumes sehen durchschnittliche Zuwachsraten in der Qualifizierung von 13 % vor. Gegenwärtig werden jährlich nur 6 % erreicht.

3. Die höhere Zielstellung ergibt sich aus der Problematik der grundlegenden Verbesserung der Arbeits- und Lebensbedingungen, die sich künftig in enger Kooperation mit den örtlichen Organen vollzieht und die zur schrittweisen Überwindung wesentlicher Unterschiede zwischen Stadt und Land führt.

Es sei hier besonders darauf hingewiesen, daß gerade dieser Gesichtspunkt eine besondere Bedeutung erhält, weil im Vergleich zu anderen Volkswirtschaftszweigen in der Landwirtschaft besonders viel aufzuholen ist. Die veränderten Bedingungen ergeben sich insbesondere durch die Entwicklungsstufe der wissenschaftlich-technischen Revolution, die gekennzeichnet ist

1. durch die zunehmende Verflechtung aller Volkswirtschaftszweige und aller Bereiche des gesellschaftlichen Lebens sowie durch die bewußtere Gestaltung des betrieblichen Reproduktionsprozesses als Element des gesamtgesellschaftlichen Reproduktionsprozesses auf der Grundlage prognostizierter gesellschaftlicher Anforderungen,
(Ich meine, daß insbesondere die Kooperation im Zusammenhang mit dem Intensivierungsprozeß zunehmend an Bedeutung gewinnt und daß wir durch sie am besten dazu beitragen können, die zentrale Idee des ökonomischen Systems in die Tat umzusetzen.)
2. durch die sich verändernde organische Zusammensetzung der Fonds, die durch eine gewaltige Zunahme vergegenständlichter Arbeit gekennzeichnet ist, so z. B. durch den Einsatz komplexer Maschinensysteme und Anlagen sowie den massenhaften Einsatz industrieller Vorleistungen. Dabei zeichnet sich eine Entwicklung ab, daß immer mehr standardisierte und typisierte Maschinensysteme und Anlagen in der Landwirtschaft eingesetzt werden, die auch für die Leitung und Organisation der LPG und VEG immer mehr zu Organisationselementen werden,
3. durch die bewußtere Nutzung geistiger Produktivkräfte, insbesondere der Wissenschaft, der Anwendung der modernen Methoden der Organisation und Leitung auf der Grundlage der ökonomischen Gesetze des Sozialismus sowie der Kooperation als Hauptkettenglied der Konzentration und Spezialisierung in der Landwirtschaft. Auch dieser Gesichtspunkt muß hervorgehoben werden, weil in der wissenschaftlichen Arbeit die Produktivkräfte geistiger Natur in ihrer Wirkungsweise noch nicht so untersucht und in der Praxis beachtet wurden, wie es notwendig ist. Das zeigt sich z. B. in der noch unvollkommenen Erarbeitung der Grundsätze der sozialistischen Betriebswirtschaft und Beachtung des Erkenntnisstandes in der praktischen Arbeit.

Die angeführten Ziele, Aufgaben und Bedingungen bestimmen den Inhalt des Intensivierungsprozesses unserer sozialistischen Produktionsweise. Er vollzieht sich planmäßig und kontinuierlich im Zusammenhang mit der gesamten Volkswirtschaft unter Führung der Arbeiterklasse und ihrer Partei bei ständiger Vertiefung der sozialistischen Demokratie. Dabei unterscheidet sich sozialistische Intensivierung grundsätzlich, d. h. in der Zielstellung, im Inhalt, in der Methode und nicht zuletzt in der Verwendung der Ergebnisse der Arbeit, von der Intensivierung im Kapitalismus. Deshalb ist die wissenschaftliche Gestaltung des sozialistischen Intensivierungsprozesses gleichzeitig ein entscheidender Beitrag zur siegreichen Klassenauseinandersetzung mit dem Kapitalismus und ein Beitrag zur Stärkung unserer Republik. Er festigt das Bündnis zwischen Arbeiterklasse und der Klasse der Genossenschaftsbauern und trägt entscheidend zur Gestaltung des entwickelten gesellschaftlichen Systems des Sozialismus bei.

Die Bedeutung der sozialistischen Intensivierung der Landwirtschaft zeigt sich aber auch darin, daß die Landwirtschaft etwa 20 % des volkswirtschaftlichen Bruttoproduktes aufbringt, daß sie etwa die Hälfte des konsumtiven

Warenfonds mit ihren Erzeugnissen, die natürlich in der Industrie weiterverarbeitet werden, abdeckt und sie eine entscheidende Rohstoffbasis unserer Volkswirtschaft ist.

2. Theoretische Probleme der Intensivierung und Lösungsmöglichkeiten für die Landwirtschaft

2.1. *Ziel und Inhalt der sozialistischen Intensivierung*

Bei der Auswertung der Literatur über die Probleme der sozialistischen Intensivierung kann man feststellen, daß alle Verfasser aus sozialistischen Ländern grundsätzlich von den Arbeiten MARX' und LENINS ausgingen und die sozialistischen Intensivierungen als gesellschaftlich determiniertes Problem gesehen haben. Doch muß man einschätzen, daß über Ziel und Inhalt der sozialistischen Intensivierung bisher keine volle Übereinstimmung vorliegt und sogar in grundsätzlichen Fragen eine Reihe von Meinungsverschiedenheiten bestehen, die zu schwerwiegenden Fehlentscheidungen in der Praxis führen können.
Erinnern wir uns zunächst einiger Ausführungen der Klassiker des Marxismus-Leninismus zur Intensivierung. MARX führte im Zusammenhang mit der Grundrententheorie aus:
„Ökonomisch verstehen wir unter intensiver Kultur nichts als die Konzentration von Kapital auf denselben Bodenteil, statt seiner Verteilung auf nebeneinander liegende Bodenstrecken." (Kapital, Bd. 3, S. 726, 1953)
LENIN äußerte sich in ähnlicher Weise. Er unterscheidet zwischen Gebieten mit intensiver und Gebieten mit extensiver Wirtschaftsweise und kennzeichnet die extensive Wirtschaftsweise durch den relativ niedrigen Aufwand an vergegenständlichter und lebendiger Arbeit je ha LN. Er führte aus, und ich zitiere:
„Was bedeutet das, Kapitalinvestitionen im Boden? Das bedeutet technische Veränderungen in der Landwirtschaft, ihre Intensivierung, Übergang zu höheren Systemen des Feldbaues, stärkerer Gebrauch künstlicher Düngemittel, Vervollkommnung der Geräte und Maschinen, ihre zunehmende Anwendung, verstärkte Verwendung von Lohnarbeit usw." (Lenin-Werke, Bd. 22, S. 53)
Aus diesen Zitaten könnte man schlußfolgern, daß Intensivierung die Erhöhung des Aufwandes an lebendiger und vergegenständlichter Arbeit, bezogen auf die Nutzfläche, ist. Diese Auffassung ist als Lehrmeinung und auch in der Praxis weit verbreitet. Man geht sogar so weit, alle Aufwendungen für die Tier- und Pflanzenproduktion auf die Nutzfläche zu beziehen und das als Ausdruck für das Niveau der Intensivierung zu verwenden. Es liegt bei einem solchen Vorgehen nahe, die Intensivierung als speziellen Prozeß für die Landwirtschaft zu bezeichnen. LENINS Zitat setzt sich jedoch wie folgt fort:

„Durch die statistische Erfassung der Bodenfläche allein lassen sich alle diese komplizierten und mannigfaltigen Prozesse nicht zum Ausdruck bringen, aber gerade aus diesen Prozessen setzt sich der allgemeine Entwicklungsprozeß des Kapitalismus in der Landwirtschaft zusammen." (Bd. 22, S. 53)
Auch die gegenwärtige Entwicklung in der Praxis der sozialistischen Landwirtschaft der DDR bestätigt doch gerade diese Ausführung Lenins, wonach die Intensivierung nicht nur flächengebunden erfolgt. Es gibt eine Reihe landwirtschaftlicher Betriebe, in denen ein Bezug der Aufwendungen auf die landwirtschaftliche Nutzfläche gar nicht möglich oder sinnlos ist. Ich erinnere hier an KIM-Betriebe, an Bauorganisationen, an meliorative Einrichtungen oder auch an ganz bestimmte Einrichtungen der Tierproduktion. Jeder weiß auch, daß im Produktionsprofil unserer LPG so starke Unterschiede zwischen den Leistungen aus der Pflanzenproduktion und den Leistungen aus der Tierproduktion bestehen, daß ein Bezug aller Aufwendungen auf die landwirtschaftliche Nutzfläche keine bedeutenden Aussagen ermöglicht.
Solchen Argumenten wird meistens entgegen gehalten, daß das ein Zeichen der zunehmenden Arbeitsteilung ist, aber im Rahmen der Volkswirtschaft insgesamt mit dem Bezug der Aufwendungen/ha LN doch der Intensivierungsprozeß deutlich gemacht werden kann.
Auch dieser Auffassung möchte ich widersprechen. Bei annähernd gleichem Flächenumfang in der DDR, der sich im Perspektivplanzeitraum nur unbedeutend vermindert, werden die zunehmenden Aufwendungen immer wieder durch eine annähernd gleiche Zahl geteilt, ohne dadurch eine neue Aussage zu erreichen. Die Entwicklung der Aufwendungen für die Landwirtschaft läßt sich viel besser als durch diesen Hektarbezug mit einem Index des Aufwandes zu einem bestimmten Basisjahr sichtbar machen.
Es sei noch einmal hervorgehoben, daß ein Bezug aller Aufwendungen für die Tier- und Pflanzenproduktion auf die LN als Ausdruck für das Niveau der Intensivierung ungeeignet ist. Nicht nur – wie ich eben versucht habe nachzuweisen –, weil ein solcher Flächenbezug eher Fehleinschätzungen mit sich bringt, als wirksame Impulse auszulösen, sondern, und das sei besonders betont, weil sozialistische Intensivierung die höhere Effektivität der Aufwendungen in sich einschließt.
Marx hat im Zusammenhang mit der Reproduktionstheorie herausgearbeitet:
„Reproduktion auf erweiterter Stufenleiter; extensiv, wird das Produktionsfeld ausgedehnt; intensiv, wenn das Produktionsmittel wirksamer gemacht wird." (Kapital, Bd. 2, S. 166)
Er hat aber immer betont:
„Worin besteht im allgemeinen jede Verbesserung, sei es im Ackerbau, sei es in der Industrie? Darin, mit derselben Arbeit mehr, mit weniger Arbeit ebensoviel oder sogar mehr zu produzieren." (Marx/Engels-Werke, Bd. 4, S. 174/175)

Lenin hebt hervor:

„Doch im allgemeinen beobachten wir eine regelmäßige Steigerung der Intensität der Landwirtschaft in dem Maße, wie sich der Wert der von den Farmern erzeugten Produkte erhöht." (Lenin-Werke, Bd. 22, S. 62, 1960)

Sozialistische Intensivierung ist kein vorrangiges Aufwandsproblem, sondern ein Problem der zunehmenden Effektivität. Diesen Standpunkt vertreten auch bekannte Ökonomen der SU, wie z. B. Kuvšinov, Buzdalov, Suslov u. v. a. Sie setzen sich mit der Auffassung, Intensivierung als Aufwandsproblem zu sehen, ebenfalls auseinander. Dabei ist die Diskussion in der SU keineswegs abgeschlossen. In einer 1970 erschienenen Abhandlung schreibt Karnauchova (S. 202):

„daß der Aufwand an Kapital auf die Flächeneinheit das Wesen der Intensivierung bestimmt."

Unserer Auffassung nach ist Intensivierung ein Prozeß zur immer besseren Versorgung der Bevölkerung, zur Steigerung der Produktion und Arbeitsproduktivität, ein Prozeß zur immer effektiveren Gestaltung des Reproduktionsprozesses und damit zur Erhöhung des Nationaleinkommens. Afanasjev erklärt Intensivierung mit dem Anwachsen der Intensität gesellschaftlicher Prozesse und der Erhöhung ihres Entwicklungstempos. Er schließt ökonomische, soziale und geistige Prozesse ein. Alle Maßnahmen, die dieser Zielsetzung entsprechen können, sollte man als Intensivierungsmaßnahmen bezeichnen. Ich möchte für ökonomische Prozesse definieren:

Die sozialistische Intensivierung ist der Prozeß zur Steigerung der Produktion und Arbeitsproduktivität, der wirksameren und in der Regel zunehmenden Einsatz und Verbrauch gesellschaftlich notwendiger Arbeit mit der immer effektiveren Gestaltung des Reproduktionsprozesses verbindet. Er schafft immer bessere Bedingungen zur Meisterung der wissenschaftlich-technischen Revolution.

Bei einer solchen Definition, ich wiederhole noch einmal, wirksamerer und in der Regel zunehmender Einsatz und Verbrauch gesellschaftlicher Arbeit, steht also der effektivere Einsatz und nicht der zunehmende Einsatz an gesellschaftlicher Arbeit im Vordergrund. Um das Problem besonders deutlich zu machen, möchte ich den Grenzfall kennzeichnen.

Nach meiner Auffassung ist sogar der relative, unter Umständen der absolute Rückgang bewertbarer Aufwendungen an gesellschaftlicher Arbeit eine Intensivierungsmaßnahme, wenn dadurch ideelle Produktivkräfte einen Produktionszuwachs, zumindest keinen Rückgang der Produktion bewirken. Dieser Grenzfall ist für den gegenwärtigen Entwicklungszeitraum untypisch. Im Vordergrund steht das schnellere Wachsen der Produktion als der wachsende Einsatz und Verbrauch gesellschaftlicher Arbeit. Doch steckt dieser Grenzfall das Feld ab, in dem sich die Intensivierung vollzieht. Prozesse, die mit einem Rückgang der Produktion verbunden sind, gehören selbst dann nicht zur Intensivierung, wenn sie rentabel sind. Solche Prozesse bezeichnen wir als Rückgang des Intensitätsniveaus und nicht als Extensivierung, wie das in der bürgerlichen Terminologie üblich ist. Stimmt man dieser Begriffsbestim-

mung der sozialistischen Intensivierung zu, muß man auch die Schlußfolgerung ziehen, daß Intensivierung inhaltlich mit dem Begriff intensiv, wie er in „intensiv erweiterter Reproduktion" verwendet wird, übereinstimmt.
Das ist eine These, die sehr stark und heftig angegriffen wurde. Unter Intensivierung wurden bei den bisherigen Auffassungen auch Maßnahmen der extensiv erweiterten Reproduktion verstanden. Also Maßnahmen der extensiv erweiterten Reproduktion wurden grundsätzlich als Intensivierungsmaßnahmen verstanden, sobald sie eine Erhöhung der Aufwendung je ha LN bewirkten.
Das ist zwar konsequent im Sinne der bisherigen Definition, aber nur dann richtig, wenn die Maßnahmen der extensiv erweiterten Reproduktion gleichzeitig einen Intensivierungsprozeß auslösen. Eine LPG, die z. B. ihre Stallkapazität ausdehnt, also das Produktionsfeld nur ausdehnt, intensiviert im Sinne der bisherigen Definition. Eine andere, die ihre Produktionsstätte rationeller gestaltet, ohne den meßbaren Aufwand spürbar zu erhöhen, intensiviert dann nicht. In Wirklichkeit verhält sich die Sache doch gerade umgekehrt, und zu dieser Aussage kommt man eben, wenn man die höhere Effektivität in die Definition der Intensivierung mit einbezieht. Dabei geht es nicht nur um eine betriebliche, sondern in allererster Linie um die Erhöhung der volkswirtschaftlichen Effektivität. Man kann den Intensivierungsprozeß nur im Zusammenhang mit der gesamtgesellschaftlichen Entwicklung effektiv gestalten.
In diesem Sinne verstehen wir auch die Intensität – Intensität als Maß der Intensivierung. Sie kennzeichnet allgemein die Mächtigkeit des Produktionsstromes bei spezieller Betrachtungsweise, den Wirkungsgrad bestimmter Produktionsmittel oder Produktivkräfte in einer bestimmten Zeiteinheit, bezogen auf ein bestimmtes Produktionsfeld.
Dabei stütze ich mich auf eine Definition im Wörterbuch der „Ökonomie des Sozialismus" (S. 387). Dort steht:
„. . . intensiv erweiterte Reproduktion, Teil des einheitlichen Reproduktionsprozesses, der auf der höheren Wirksamkeit der Produktionsmittel und der höheren Effektivität des gesamten Systems der gesellschaftlichen Produktivkräfte beruht."
Diese Definition hilft in dem Streit um die Intensivierung ganz entscheidend weiter, weil sie insbesondere Impulse für rationelles, praktisches Handeln auslöst und auch theoretisch wertvolle Ableitungen ermöglicht. Wir müssen also die allgemeine oder besser, die Produktionsintensität von der speziellen, oder besser, Faktorenintensität unterscheiden. Als Maßstab für die Produktionsintensität kommt z. B. das jährliche Nettoprodukt in seiner Gesamtheit bzw. das Bruttoprodukt im Verhältnis zum Bruttoaufwand und für die Wirksamkeit der Produktionsmittel, also als Maßstab der Faktorenintensität, der Grad der Ausnutzung ihrer Kapazität in Frage. Immer dasjenige Produktionsmittel, das in dem Mittelpunkt der Betrachtungen steht, z. B. Flächenintensität, Fondsintensität, auch Organisationsintensität und Leitungsintensität, ist dafür geeignet.

Kennzahlen über diese Zusammenhänge sind volks- und betriebswirtschaftlich von entscheidender Bedeutung.
Die Zielstellungen in den Plänen der Zweige und Betriebe und ihre Erfüllung vermögen am besten diese Zusammenhänge in naturaler und wertmäßiger Form zu erfassen und erhalten daher als Kennzahlen für den Intensivierungsprozeß immer größere Bedeutung. Die Höhe des Nettoproduktes absolut und bezogen auf ein Basisjahr, um das Entwicklungstempo sichtbar zu machen, oder bezogen auf die Arbeitskräfte, die LN und die Fonds, vermögen diesen Prozeß zu kennzeichnen. Bei betriebswirtschaftlicher Betrachtungsweise tritt an die Stelle des Nettoproduktes das Bruttoeinkommen.

2.2. *Hauptwege und Quellen der sozialistischen Intensivierung*

Ich hatte bereits darauf hingewiesen, daß die Intensivierung in der gesamten Volkswirtschaft, ihren Zweigen und Betrieben unabhängig von ihrem Entwicklungsstand wirkt. Dabei müssen wir hervorheben, daß sie nicht überall gleichmäßig und gleichzeitig realisiert wird oder werden kann.
Diese differenzierte Verwirklichung der Intensivierung, also zwischen den einzelnen Volkswirtschaftszweigen und innerhalb der einzelnen Volkswirtschaftszweige, zwischen den einzelnen Betrieben, ja innerhalb der einzelnen Betriebe, ja sogar zwischen den einzelnen Brigaden, erfolgt nicht gleichmäßig und nicht gleichzeitig. Das hat objektive und subjektive Ursachen. Das durch subjektive Faktoren verursachte unterschiedliche Intensitätsniveau einzelner Betriebe gilt es zu überwinden. Hier liegen große Produktionsreserven, die insbesondere durch eine zielstrebige politisch-ideologische Arbeit erschlossen werden können. Dagegen ist eine differenzierte Entwicklung der Intensivierung durch die sich verändernden volkswirtschaftlichen Erfordernisse und Möglichkeiten objektiv begründet. Die Erfordernisse ergeben sich aus der immer besseren Befriedigung des volkswirtschaftlichen Bedarfs und die Möglichkeiten aus der Akkumulationskraft der Gesellschaft und Betriebe sowie der unterschiedlichen Effektivität und Rückflußdauer der Investitionen. Eine ökonomisch begründete Intensivierung führt also keineswegs zu einem gleichen Intensitätsniveau in allen Zweigen oder Betrieben, sondern zur weiteren Differenzierung, doch wird sich das unter sozialistischen Produktionsbedingungen nicht auf die Arbeits- und Lebensbedingungen der Genossenschaftsmitglieder und Landarbeiter – im Gegensatz zum Kapitalismus – negativ auswirken.
Voraussetzung und Ergebnis der sozialistischen Intensivierung ist die Akkumulationskraft der Gesellschaft und Betriebe. Es ist von entscheidender Bedeutung, daß in allen Phasen und in allen Teilen des Reproduktionsprozesses die Quellen der Intensivierung erschlossen werden. Die wertmäßigen Quellen der Intensivierung und auch der Extensivierung sind Akkumulation und Amortisation, denn auch die einfache Reproduktion wirkt zu einem beträchtlichen Teil als erweiterte Reproduktion.

Uns sind LPG bekannt, die hohe Akkumulationsraten von über 50 % aufweisen, aber pro Hektar noch nicht einmal zusammen mit der Amortisation 400 Mark zur Verfügung haben, obwohl gerade diese LPG zur Ausschöpfung ihrer Produktionsreserven einen sehr hohen Akkumulationsbedarf haben. Andere LPG dagegen weisen oftmals weniger als 30 % als Akkumulationsrate aus, doch haben sie u. U. eine Akkumulationskraft von mehr als 1000 Mark pro ha LN, obwohl sie bereits eine hohe Fondsausstattung haben und u. U. für sie die Notwendigkeit der erweiterten Reproduktion nicht so bedeutungsvoll ist, wie gerade in den Genossenschaften, die in der Hinsicht noch viel nachzuholen haben.

Mir scheint dieses Problem besonders bedeutungsvoll, weil wir in unserer gesamten betriebsökonomischen und auch agrarökonomischen Arbeit bisher die Bedeutung der Amortisation für die erweiterte Reproduktion nicht immer ins richtige Licht gerückt haben. Es gibt in der Hinsicht bestimmte Erscheinungen, daß z. B. Betrieben Amortisationsmittel in einem solchen Maße zur Verfügung stehen, daß ganz beträchtlich erweitert reproduziert werden kann, ohne daß dafür ein dringendes volkswirtschaftliches Erfordernis besteht.

Wir erkennen also das Problem, daß die akkumulierten Mittel und Reserven im Sinne einer volkswirtschaftlich begründeten Intensivierung keineswegs immer dort eingesetzt werden können, wo die Mittel erwirtschaftet wurden. Die Umverteilung dieser Mittel im Rahmen einer ökonomischen Strukturpolitik wirft äußerst wichtige volks- und betriebswirtschaftliche Probleme auf. Wir sehen das gerade bei der Gestaltung der Kooperationsbeziehungen in den gemeinsamen Abteilungen der Pflanzenproduktion der LPG, wo es ja typisch ist, daß die Akkumulationskraft der LPG unterschiedlich ist und dadurch eine Reihe von betriebswirtschaftlichen Fragen auftreten, die keineswegs gelöst sind.

Zum 12. Plenum des Zentralkomitees der Sozialistischen Einheitspartei Deutschlands wurde herausgearbeitet, warum in einigen Zweigen vorrangig die komplexe sozialistische Rationalisierung, in anderen die Systemautomatisierung verwirklicht wird.

Diese zwei Hauptwege der sozialistischen Intensivierung stellen unterschiedliche Anforderungen an die Akkumulationskraft. Beide Wege haben auch für die Landwirtschaft Bedeutung, doch steht für den Perspektivplan die komplexe sozialistische Rationalisierung im Vordergrund.

Wir stellen also die komplexe sozialistische Rationalisierung nicht neben die sozialistische Intensivierung, sondern kennzeichnen sie, wie die Systemautomatisierung, als Hauptweg der sozialistischen Intensivierung.

Auch hier unterscheiden wir uns grundsätzlich von bisherigen Definitionen, in denen eine gewisse Identität zwischen Intensivierung und Rationalisierung zum Ausdruck kam, und es gibt eine Reihe von Veröffentlichungen, wo die Intensivierung als Prozeß für die Landwirtschaft und die Rationalisierung als gleicher Prozeß für die Industrie dargestellt worden ist.

So kann das heute nicht mehr gesehen werden. Wir sollten die Intensivierung als den Hauptprozeß zur Erreichung der uns vorgegebenen Ziele bezeichnen und die Rationalisierung bzw. Systemautomatisierung als die Hauptwege zur Intensivierung herausstellen.
Kehren wir aber zum Kernproblem – dem ökonomisch begründeten Einsatz der akkumulierten Mittel – zurück. Unter den Bedingungen der sozialistischen Warenproduktion ist die Gesamtheit der Mittel und Reserven immer dort einzusetzen, wo gesellschaftlich notwendige Prozesse – der volkswirtschaftliche Bedarf – den wertmäßig größten Ertragszuwachs erwarten lassen. Diese Prozesse sind vorrangig zu forcieren und stellen unterschiedlich hohe Anforderungen an die Akkumulationskraft. Dort, wo mit Hilfe neuer Prinzip- und Systemlösungen die Automatisierung durchgesetzt wird, müssen umfangreichere Mittel bereitgestellt werden, als dort, wo die Rationalisierung im Vordergrund steht. Daraus resultieren auch unterschiedliche Anforderungen an den Intensivierungsprozeß hinsichtlich seiner Effektivität und Dynamik. Es kann also nicht überall, das wäre auch nicht effektiv, unbegrenzt viel zu einem gleichen Zeitpunkt für die Intensivierung eingesetzt werden. Wir müssen daher die Schwerpunkte suchen, die für den Perspektivplanzeitraum im Mittelpunkt der Intensivierung zu stehen haben. In den folgenden Beiträgen wird aus volkswirtschaftlicher Sicht und aus der Sicht der Tier- bzw. Pflanzenproduktion auf diese Schwerpunkte näher eingegangen, so daß ich mich auf einige analytische Ergebnisse zu dieser Problematik beschränken kann.

2.3. *Schwerpunkte der sozialistischen Intensivierung im Perspektivplanzeitraum*

In dem Werk „Politische Ökonomie des Sozialismus und ihre Anwendung in der DDR" (S. 427) sind die Schwerpunkte genannt, die bei der Intensivierung der Landwirtschaft im Vordergrund stehen müssen. Es heißt dort:
„Bei der weiteren Intensivierung der Landwirtschaft geht es vor allem um die Mehrung der Bodenfruchtbarkeit, um die Steigerung der Hektar-Erträge sowie um die Erhöhung der Tierproduktion. Die weitere Intensivierung der landwirtschaftlichen Produktion – die Erhöhung der Nährstofferträge je Hektar Landwirtschaftlicher Nutzfläche und des Verwertungseffektes pflanzlicher Produkte in der Viehwirtschaft – ist als wichtiger Weg zur zielstrebigen Erhöhung der Arbeitsproduktivität und zur Senkung der Kosten je Erzeugniseinheit Ausdruck des Wachstums der Produktivkräfte."
Nach diesem Zitat steht die Erhöhung der Nährstofferträge je ha LN und des Verwertungseffektes pflanzlicher Produkte in der Viehwirtschaft im Vordergrund. Beide Gesichtspunkte tragen entscheidend zur Erhöhung der Arbeitsproduktivität bei. Zwei Kennziffern werden in den Mittelpunkt gerückt, die Ausdruck der Bodenfruchtbarkeit und der Tierleistung sind und in letz-

ter Konsequenz die Arbeitsproduktivität maßgeblich beeinflussen. Sie wurden und werden deshalb so hervorgehoben, weil sie im System der materiellen Produktionsfaktoren mit geringstem Aufwand den größten wertmäßigen Zuwachs aus dem Reproduktionsprozeß erwarten lassen. Für einen längeren Zeitraum, einen Zeitraum, der über den Perspektivplanzeitraum hinausgeht, können Intensivierungsmaßnahmen immer nur dann optimal gestaltet werden, wenn, ausgehend von der Prognose, der Einfluß der Produktionsfaktoren in seinem funktionellen Zusammenhang z. B. in ökonomisch-mathematischen Entscheidungsmodellen erfaßt wird, die folgende Fragen lösen helfen:

Wie läßt sich durch bessere Organisation und Leitung die Effektivität des Reproduktionsprozesses erhöhen?

Wo liegt im System der Produktivkräfte oder Produktionsfaktoren das Kettenglied, welches mit geringstem Aufwand den höchsten Nutzen sichert?

Welche Produktionsrichtung und -struktur läßt unter Beachtung des volkswirtschaftlichen Bedarfs den höchsten Beitrag zum Nationaleinkommen erwarten?

Auf diese Problematik wird im Referat von Prof. EHWALD näher eingegangen.

Eine tiefgründige Beantwortung der angeführten Fragen in ihrer Komplexität und richtig zugeschnitten auf die jeweilige Entwicklungsetappe kann nur in sozialistischer Gemeinschaftsarbeit zwischen den Wissenschaftlern aller Fachdisziplinen, den Mitarbeitern der staatlichen Leitung sowie den Genossenschaftsmitgliedern und Landarbeitern bewältigt werden.

Dieser Aufgabenkomplex reicht von der isolierten Untersuchung des Reagierens einzelner Produktivkräfte auf zusätzliche Aufwendungen und Veränderungen über die Untersuchung der inneren Wirkstärke der einzelnen Produktionsfaktoren selbst, wie z. B. Düngung, Melioration, Technisierung, Züchtung, über die Erfassung optimaler Kombinations- und Substitutionsmöglichkeiten bis hin zur Wirkung ökonomischer Regelungen auf die optimale Gestaltung des Intensivierungsprozesses.

Betrachten wir aber aus diesem großen Komplex einmal einige Einflußgrößen oder einige Produktivkräfte aus dem System der gesellschaftlichen Produktivkräfte etwas näher, so erkennt man bereits einige Schwerpunkte für die Intensivierung im Perspektivplanzeitraum.

Beginnen wir erstens mit der Hauptproduktivkraft Mensch, der entscheidenden Produktivkraft der sozialistischen Gesellschaft, denn die Menschen erfinden und vervollkommnen die Produktionsmittel, nützen mit Hilfe der Wissenschaft die Naturkräfte und sichern die Entwicklung der Gesellschaft.

Untersucht man z. B. in den LPG, wie die Einflußnahme der Hauptproduktivkraft Mensch auf den Intensivierungsprozeß erfaßt wird, dann muß man in einigen Fällen feststellen, daß die Unterlagen ungenügende oder zu diesen Fragen keine Auskunft geben.

Es fehlen häufig Aufzeichnungen über die Qualifikation, über die Einsetzbarkeit, über die Auslastung der Arbeitskräfte und über den Arbeitskräfteaufwand der einzelnen Bereiche.

Als einzige Kennzahl steht meist nur die Anzahl der Arbeitskräfte zur Verfügung, die z. T. selbst nicht exakt ermittelt wird. Ich verweise nur auf das Problem Mitglied und Arbeitskräfte in LPG. Es gibt darüber in einigen LPG die unterschiedlichsten Angaben.

Wir mußten uns bei unseren Analysen, da kaum genaue Arbeitszeitaufwendungen für die einzelnen Erzeugnisbereiche in den Genossenschaften vorliegen, mit globalen Einschätzungen über die Anzahl der Arbeitskräfte, die als Vollarbeitskräfte umgerechnet in einigen Genossenschaften ausgewiesen werden, behelfen. Diese massenstatistischen Untersuchungen von 134 LPG zeigen z. B., daß in den Genossenschaften eine normale Arbeitszeit von 1950 Std. je Jahr und Arbeitskraft nicht erreicht wird.

Bei einer genaueren Analyse zwischen den Bereichen der Tier- und Pflanzenproduktion dagegen zeigt sich, daß die durchschnittliche Auslastung in der Tierproduktion höher ist als die Norm, dagegen in der Pflanzenproduktion große Arbeitskraftreserven vorhanden sind.

Es zeigt sich, daß alle die Mitglieder, die irgendwie von ihrem Einsatz her, insbesondere betrifft das die weiblichen Arbeitskräfte, nicht voll durch die gegebene Betriebsorganisation ausgelastet werden, in der Pflanzenproduktion geführt werden und dort ein Arbeitspotential kennzeichnen, das nicht voll genutzt wird.

Wir sind der Meinung, daß die Wirksamkeit der Arbeitskräfte in unseren Genossenschaften erhöht werden muß, was insbesondere eine wissenschaftliche Gestaltung des Arbeitsprozesses erfordert. Die Kontinuität des Arbeitsprozesses wird sich mit zunehmender Arbeitsteilung nur durch Kooperation zwischen den LPG und Betrieben der Ver- und Bearbeitungsindustrie erreichen lassen. Hier müssen auch die staatlichen Stellen helfen, um z. B. bestimmte Bearbeitungsstufen in die KOG der LPG zu verlagern oder den Genossenschaftsmitgliedern empfehlen, in arbeitsschwachen Zeiten gesellschaftlich notwendige Arbeit zu verrichten. Interessant ist weiter, daß der Ausbildungsgrad der einzelnen Genossenschaften – ins Verhältnis gesetzt zum erzielten Bruttoeinkommen – eine einwandfreie gesicherte Beziehung zwischen dem Anteil qualifizierter Arbeitskräfte und der Höhe des Bruttoeinkommens, bezogen pro Arbeitskraft, zeigt. Es verläuft die Regressionsgerade bei einem Ausbildungsgrad von 15 % der Gesamtmitglieder von 8000 Mark pro Arbeitskraft und bei 75 % bis auf etwas über 10 000 Mark pro Arbeitskraft.

Besonders positiv stechen die Betriebe ab, die einen besonders hohen Anteil an Meistern ausgebildet haben. Als weiteres Beispiel soll durch einen Vergleich zwischen den Kreisen Weißenfels und Meißen die Bedeutung der Qualifizierung unterstrichen werden. Obwohl die natürlichen Produktionsbedingungen und auch weitere Faktoren, wie AK-Besatz, Anbauverhältnis u. a., vergleichbar sind, hatte der Kreis Weißenfels im Jahre 1968 eine um 6,5 GE/ha LN höhere Marktproduktion in den LPG des Typ III als der Kreis Meißen.

Am deutlichsten unterscheiden sich die beiden Kreise dadurch, daß Weißenfels einen um 16,6 % höheren Ausbildungsgrad als der Kreis Meißen hat (Weißenfels 49 %, Meißen 32,4 %).

Für die Intensivierungsmaßnahmen ist daher die Qualifizierung der Genossenschaftsmitglieder und Landarbeiter ein wichtiger Gesichtspunkt.

Ich habe bei der Betrachtung einzelner Produktivkräfte aus dem Gesamtsystem der Produktivkräfte bewußt mit den Arbeitskräften begonnen, weil hier der Dreh- und Angelpunkt liegt, um insbesondere über die Qualifizierung den Reproduktionsprozeß zu intensivieren.

Im zweiten Punkt möchte ich etwas zum Hauptproduktionsmittel Boden sagen und die Möglichkeiten zur Erhöhung seiner Intensität einschätzen.

Wir müssen zunächst feststellen, daß in den letzten fünf Jahren die landwirtschaftliche Nutzfläche in der Republik um 58 000 ha zurückging. Die Reduzierung ging insbesondere zu Lasten der Ackerfläche, außerdem wurden in den letzten 5 Jahren 25 000 ha Ackerland in Grünland umgewandelt.

Ich vertrete die Auffassung, daß es durch Flurmelioration und Schlagvergrößerung, insbesondere durch die Gestaltung kooperativer Beziehungen, bis zum Jahr 1975 durchaus möglich wäre, einen weiteren Flächenrückgang zu eliminieren. Wir haben eine Reihe von Kooperationsgemeinschaften untersucht – wenn dort hierzu auch keine dokumentarischen Belege vorlagen, weil die LPG diese Zugänge, die über Feldwege, Feldraine, Vorgewende u. a. erfolgen, in ihren Unterlagen nicht erfassen – und festgestellt, daß durch die Gestaltung kooperativer Beziehungen Flächenzugänge von 2 % und durch die Verringerung der Vorgewende Ertragssteigerungen von 2 % erreichbar sind. Das ist jedoch, wie gesagt, nur die quantitative Seite des Bodenfonds, die auch Reserven enthält.

Untersucht man die qualitative Seite in den Betrieben, muß man feststellen, daß insbesondere bei den Hauptfutterflächen große Reserven liegen. Wir haben bei vergleichbaren D-5-Standorten Unterschiede im Futterflächenaufwand von 56–108 a/RGV festgestellt. Es ist keineswegs immer die unterschiedliche Ertragsfähigkeit der Böden gewesen, sondern dahinter verbergen sich auch Restflächen, die nach Abzug der Marktfrüchte aus der gesamten LN nicht unterzubringen waren und als Futterfläche gebucht wurden. Mietenplätze und Abstellplätze, die in manchen Genossenschaften ganz beträchtliche Flächen einnehmen, sind bei der Futterfläche mit erfaßt worden.

Natürlich muß man, wenn der Boden ins Blickfeld gerückt wird, die Erhöhung seiner Qualität in den Vordergrund stellen, wie das in den Beschlüssen von Partei- und Staatsführung seit Jahren erfolgt. Hier erkennen wir in der Praxis noch große Reserven. Die Qualität kann man z. B. an den unterschiedlichen Nährstofferträgen pro ha LN einschätzen. Bei einer

Reihe von LPG gleicher Standorte und Ackerzahl streuen z. B. die Stärkewerterträge zwischen 17,6 und 38,1 StW pro ha LN, also um mehr als das Doppelte.

Interessant ist, daß die Effektivität der eingesetzten Grundmittel, bezogen auf die Bodenfläche, unter günstigen Standortbedingungen höher als unter ungünstigen Standortbedingungen ist. Das würde bedeuten, daß ökonomisch begründete Intensivierungsmaßnahmen die Ertragsdifferenzen in unseren Betrieben erhöhen. Auf diese zunehmende Differenziertheit hatte ich bereits hingewiesen. Weiter zeigen diese Untersuchungen, daß besonders wirkungsvoll auf diese, wenn man so sagen darf, Flächenintensität der Einsatz von Arbeit, Dünger und Schädlingsbekämpfungsmitteln wirkt, während eine Wirkung von meliorativen Maßnahmen, Pflanzenarten und -sorten oder die Einhaltung agrotechnischer Termine von unseren Materialien her nicht eingeschätzt werden konnte. Auf diese Probleme geht Dr. Berg in seinem Vortrag näher ein.

Wenden wir uns, und das halte ich für durchaus wichtig, jetzt einer dritten Betrachtungsweise – den übrigen Fonds – zu, also der Problematik der Grundfondsintensität oder der Fondsintensität überhaupt.

Nach den Ermittlungen der staatlichen Zentralverwaltung für Statistik (Jahrbuch 1969, S. 134) stieg die Fondsausstattung der Landwirtschaft von 39,1 TM pro Arbeitskraft im Jahre 1966 auf 46,3 TM im Jahre 1968, in diesem Zeitraum also um 18 %. Davon umfaßte die Grundfondsausstattung 28 TM pro Arbeitskraft im Jahre 1966, und sie stieg auf durchschnittlich 33,5 TM pro Arbeitskraft im Jahre 1968, also um 19,6 %. Für den gleichen Zeitraum 1966 : 1968 sinkt die Fondsquote von 38 auf 37 und die Grundfondsquote von 53 auf 51 ab. Setzt man das Basisjahr = 100, also das Jahr 1966, so entspricht das einem relativen Rückgang von 2,6 % bei den gesamten Fonds bzw. von 3,8 % bei den Grundfonds. Eine Reihe von Analysen bestätigen diese Entwicklung auch für das Jahr 1969. Wir erfuhren z. B., daß die Lehr- und Versuchsgüter der D-5-Standorte, die für 1969 noch Kennzahlen dafür angeben, die niedrigsten Grundfondsquoten seit 1966 haben. Also bei allen ist ein deutlicher Rückgang festzustellen. Und zwar streut die Grundfondsquote im Jahre 1969 in diesen Betrieben zwischen 40 und 52. Wenn auch die Preisentwicklung der Vorleistungen für die Landwirtschaft darauf einwirkt, ist das doch eine sehr niedrige Grundfondsquote.

Daraus ergibt sich, daß wir künftig eine zunehmende Grundfondsquote sichern müssen. Die Probleme des Mehrschichteinsatzes und der kontinuierlichen Auslastung der Grundmittel, z. B. durch kooperative Nutzung, zwingen sich aus diesem Gesichtswinkel geradezu auf. Ich glaube, es lohnt sich, über diese pauschale Untersuchung der Grundfonds hinaus auch die Leistung einzelner Aggregate selbst einzuschätzen. So z. B. wird in diesem Zusammenhang die durchschnittliche Jahresleistung der Schlepper oder die durchschnittliche Auslastung der Großmaschinen durch den zunehmenden Besatz interessant. Es zeichnet sich auch hier ein Rückgang ab.

Ein letzter und vierter Abschnitt soll sich mit den Produktivkräften Organisation und Leitung beschäftigen.
Ich vertrete den Standpunkt, daß es für einen großen, um nicht zu sagen, den größten Teil der LPG und VEG möglich ist, durch relativ geringfügige und zusätzliche Aufwendungen, insbesondere durch bessere Organisation und Leitung, zu höheren Produktionsergebnissen, also zu einem Intensivierungseffekt zu gelangen. Im Vordergrund steht daher die Effektivität von Intensivierungsmaßnahmen durch Nutzung der Kooperation.
Ich möchte aber auch, und das läßt sich statistisch nachweisen, ein weiteres Organisationsproblem in die Debatte bringen, das durch den Rückgang solcher Kulturen wie Kartoffeln, Gemüse und Futterhackfrüchte gekennzeichnet ist.
Untersucht man Betriebe unter der Fragestellung, warum zu Lasten der Hackfrüchte der Feldfutteranbau und der Getreideanbau gestiegen sind, dann hört man meistens die Auffassung, daß ein geringerer Hackfruchtanbau die Möglichkeit bringt, insgesamt doch höhere Erträge zu erzielen und daß sich der Flächenrückgang keineswegs auf das Gesamtproduktionsvolumen dieser Fruchtarten auswirkt. Das stimmt nicht. Statistisch gesicherte Ergebnisse weisen eindeutig nach, daß diejenigen Betriebe, die einen höheren Anteil Hackfrüchte im Anbauverhältnis haben, nicht nur durchschnittlich höhere Stärkewert- oder Getreideeinheitserträge haben, sondern außerdem noch über dem Durchschnitt der DDR auch in den Hektarerträgen liegen.
Also muß der Rückgang der Intensivkulturen noch andere Ursachen haben. Und ich nehme an, die Ursachen dieser Veränderungen der Anbaustruktur liegen auch in den staatlichen Preisen und Regelungen begründet, zumindest wurde von der Seite diesem Rückgang nicht entgegnet.
Auch die ungenügende Mechanisierbarkeit dieser Kulturen wirkt in der gleichen Richtung. Es ist ja bekannt, daß Futter und Getreide weit besser mechanisierbar sind als Gemüse, Zuckerrüben und Kartoffeln. In der Pflege und in der Ernte dieser Kulturen treten doch noch ganz entscheidende Arbeitskräfteprobleme auf.
Wir haben weiterhin versucht einzuschätzen, ob eine gewisse Leitungsintensität sich auf die ökonomischen Ergebnisse auswirkt. Uns stehen z. B. Befragungsergebnisse über die Wettbewerbsziele einiger LPG zur Verfügung, und man erkennt, daß innerhalb der Genossenschaften z. B. eine unwahrscheinlich große Differenziertheit in der Kenntnis der Wettbewerbsziele ihrer LPG vorliegt, und es läßt sich nachweisen, daß dort, wo z. B. eine große Informiertheit zu den Wettbewerbszielen für einige Brigaden vorhanden ist, auch ein kontinuierlicher Zuwachs in der Produktion zu verzeichnen war. In Betrieben, wo sich aus den Ergebnissen der Befragung Gleichgültigkeit und Unkenntnis ableiten ließ, wurde dagegen Stagnation sichtbar.
Wir haben weiterhin KOG der LPG untersucht und eine eindeutige korrelative Beziehung zwischen der Teilnahme der Mitglieder an Mitgliederversammlungen und dem Betriebsergebnis der betreffenden LPG festgestellt.

Es sind echte korrelative Beziehungen zwischen der Teilnahme der Mitglieder in ihren demokratischen Leitungsorganen und dem Betriebsergebnis festzustellen. Diese Tatsache ist umso schwerwiegender, weil es bei der Vertiefung der genossenschaftlichen Demokratie ja nicht nur um einen ökonomischen Prozeß, sondern gleichzeitig um einen Prozeß der Bewußtseins- und Persönlichkeitsentwicklung geht.

3. Schlußfolgerungen für die agrarökonomische Forschung

Die komplexe Erforschung und die effektive Gestaltung des Intensivierungsprozesses in der Landwirtschaft ist eine entscheidende Aufgabe für uns Agrarökonomen und ein wichtiger Beitrag zur Gestaltung des entwickelten gesellschaftlichen Systems des Sozialismus, ein entscheidender Beitrag zur siegreichen Auseinandersetzung mit dem Imperialismus. Infolge des objektiven und komplexen Charakters der Intensivierung, die mit allen in der Landwirtschaft korrespondierenden wissenschaftlichen Disziplinen verbunden ist, kann diese Aufgabe nur in interdisziplinärer sozialistischer Gemeinschaftsarbeit in entsprechender Qualität gelöst werden. Daher ist, unabhängig vom Unterstellungsverhältnis, dafür Sorge zu tragen, daß zum Forschungskomplex Intensivierung als Voraussetzung und wichtiger Bestandteil der ökonomischen Entwicklung in der Landwirtschaft eine entsprechende Wissenschaftsorganisation durchgesetzt wird.
Ich meine das nicht so, daß neue Institute oder Abteilungen eingerichtet werden, sondern, daß alle Agrarwissenschaftler ihre gesellschaftliche Verantwortung erkennen und sie im Zusammenhang mit der Erfüllung des Perspektivplanes der Forschung wahrnehmen. Die Forschungsarbeit selbst ist zu intensivieren und alle wissenschaftlichen Einrichtungen sollten die Verpflichtung haben, nachzuweisen, wie ihre Ergebnisse den Intensivierungsprozeß beeinflussen. Das ist in erster Linie ein ideologisches Problem. Jeder Bereich der Agrarforschung hat die Pflicht, angefangen von der Forschungsplanung bis zur Realisierung der Ergebnisse in der Praxis, seine Leistungen ökonomisch zu bewerten und Aussagen über eine effektive Struktur und Reihenfolge der Forschungsaufgaben, verbunden mit einer Wertung der Ergebnisse, im Hinblick auf den Intensivierungseffekt in der Praxis zu beweisen. Der Maßstab sind Pionier- und Spitzenleistungen. Nur wenn wir aus einer kritischen und selbstkritischen Atmosphäre heraus, ausgehend von den gesellschaftlichen Erfordernissen und Möglichkeiten, an unsere Forschungsarbeit herangehen, finden wir die Schwerpunkte, die im Perspektivplanzeitraum im Vordergrund stehen müssen und überwinden auch die letzten Erscheinungen von Liebhaberei und Selbstlauf in der Forschung.
Als Beitrag zur Bereicherung der marxistisch-leninistischen Agrartheorie und als wissenschaftliche Grundlage der Agrarpolitik sollten in Übereinstim-

mung mit den von JANNERMANN in seinem Diskussionsbeitrag am 13. 3. 1970 dargelegten Vorschlägen in der Forschungsplanung unter dem Thema „Untersuchungen zur Theorie des Intensivierungsprozesses unter den Bedingungen der wissenschaftlich-technischen Revolution und einer hochentwickelten industriemäßig organisierten und geleiteten Landwirtschaft im entwikkelten gesellschaftlichen System des Sozialismus"
im Perspektivplanzeitraum mit Hilfe aller Einrichtungen der DAL folgende Aufgaben gelöst werden:

1. Forschungsaufgaben zur komplexen sozialistischen Rationalisierung des einheitlichen Reproduktionsprozesses, die zur effektiveren Nutzung des Systems der Produktivkräfte durch Einsatz relativ geringer Aufwendungen im Perspektivplanzeitraum führen, wie z. B.

Erforschung der effektivsten Kombination aller Maßnahmen zur Erhöhung der Bodenfruchtbarkeit unter Beachtung der territorial differenzierten natürlichen und ökonomischen Produktionsbedingungen (Erhöhung der Ertragsleistung durch Standortverteilung, Bestellungs- und Bearbeitungsmaßnahmen, Pflanzenzüchtung, Einsatz von Agrochemikalien, Ertragsstabilisierung, Einschränkung und Ausschluß störender Natureinflüsse durch Melioration, Schlagkraft der Mechanisierung u. a.)

Untersuchung der Wechselbeziehungen zwischen Organisationsintensität, höchster Nährstoffproduktion, Akkumulation und Nettoproduktion je AK

Untersuchungen über die effektivste Kombination aller Maßnahmen zur Steigerung der Tierproduktion (Erhöhung der Leistungen durch Züchtung, Haltung, Fütterung, Mechanisierung u. a.)

Ausarbeitung von Maßnahmen zur Überwindung von ungerechtfertigten Unterschieden in der Ertragsleistung bei Betrieben mit vergleichbaren Produktionsbedingungen

Untersuchungen zu Wechselbeziehungen zwischen Grund- und Umlaufmitteln (Optimierung, Kombinationseffekt beim Einsatz von Agrochemikalien, Mischfuttereinsatz, Instandhaltungssystem u. a.)

Untersuchungen zur Komplettierung vorhandener Maschinensysteme und Produktionsanlagen einschließlich Rationalisierungsmöglichkeiten und -mittel

Untersuchungen zur Gestaltung ökonomischer Regelungen und ihrer Wirksamkeit auf die Intensivierung (Preisgestaltung, Prämien, Fondsabgabe, Kreditausreichung)

Untersuchungen zur kontinuierlichen und hocheffektiven Gestaltung des Intensivierungsprozesses durch Reservebildung

Betriebswirtschaftliche Maßnahmen zur Erhöhung des Intensivierungseffektes (Planung und Leitung, Arbeitsorganisation, Verhältnis Akkumulation, Konsumtion, Qualifizierung u. a.)

2. Forschungsaufgaben, die zu neuen Prinzip- und Systemlösungen führen und das Ziel haben, wissenschaftlichen Vorlauf für den Prognosezeitraum zu schaffen, wie z. B.

Erforschung neuer Systemlösungen in der Grundmittelausstattung, die sowohl komplex als auch unter Einbeziehung vorhandener Mechanisierungselemente in der Praxis anwendbar sind. (Ökonomische Zielstellung ist, daß die Systemlösungen eine hohe Ausnutzung der Grundmittel gewährleisten, technischer und moralischer Verschleiß weitgehend zusammenfällt und bei relativ niedrigen Aufwendungen und hoher Effektivität ein schneller Rückfluß der Investitionen gesichert wird.)
Untersuchungen der optimalen Produktions- und Aufwandsstruktur im Volkswirtschaftsbereich insgesamt sowie territorial differenziert und der Wechselbeziehung zwischen volkswirtschaftlichen Erfordernissen und betrieblichen Interessen (hier insbesondere Aussagen darüber, welche Maßnahmen der Intensivierung in welcher Reihenfolge und in welchen Zeiträumen unter den verschiedenen Standortbedingungen einzuleiten sind)
Erforschung neuer Prinzip- und Systemlösungen für eine vollmechanisierte und automatisierte Stoffproduktion für Nahrungsgüter als Vorlauf.
Die dazu notwendige sozialistische Gemeinschaftsarbeit verlangt weiterentwickelte und neue Formen der Wissenschaftsorganisation, weil solche Aufgaben nicht einzelnen Forschungsinstituten zugeordnet werden können, sondern ständiger Forschungsgegenstand aller agrarwissenschaftlichen Einrichtungen sind. Auf der Grundlage einer Einschätzung der Kommission Ökonomik und Mechanisierung der DAL wird daher vorgeschlagen:
1. Jeder Verantwortungsbereich sollte im Rahmen der Forschungskooperationsgemeinschaften im zwei- bis dreijährigen Abstand eine komplexe Analyse und ökonomische Wertung aller im Intensivierungsprozeß wirkenden Maßnahmen und Faktoren erarbeiten lassen.
Diese zeitweiligen Kooperationsgruppen haben zu überprüfen, welche volkswirtschaftlichen Möglichkeiten und gesellschaftlichen Bedingungen für die Anwendung und Durchsetzung der Erkenntnisse im jeweils nächsten Zeitraum gegeben sind. Sie haben Vorschläge für staatliche und betriebliche Maßnahmen (Etappen und Reihenfolge) zu unterbreiten, die den sozialistischen Intensivierungsprozeß beschleunigen.
Erkenntnisse über die Wirkung einzelner und komplexer Maßnahmen sollten einem „Informationssystem Wissenschaft und Technik" zugeführt werden und damit allen Partnern und den staatlichen Leitungsorganen abrufbereit zur Verfügung stehen.
2. Zur theoretischen Erforschung des Intensivierungsprozesses im Rahmen der ökonomischen Forschung ist
eine stärkere Koordinierung und Auswertung der Forschungsarbeiten beteiligter Institute im internationalen Rahmen des RGW erforderlich,
die Bildung einer zeitweiligen Koordinierungsgruppe im Rahmen der FKG „Ökonomik der Landwirtschaft" notwendig, die
theoretische und/oder methodische Grundlagen auf der Basis einer einheitlichen Arbeitskonzeption und terminlich abgestimmt vorgibt,

Erkenntnisse aus Koordinierungsgruppen anderer FKG zusammenfaßt und ökonomisch wertet.
Es ist zu prüfen, ob eine ständige Arbeitsgruppe (3–4 Wissenschaftler) diese Koordinierungsfunktion übernimmt und gleichzeitig eine ständige theoretische Bearbeitung der Probleme sichert.
3. Alle prognostischen Arbeiten aus dem Aufgabenkomplex werden durch die ständige Prognosegruppe 7 des Ministerrates koordiniert und im Rahmen der auftragsgebundenen Forschung durch das Institut für Agrarökonomik Neetzow durchgeführt bzw. angeleitet. Die Arbeiten über Maßnahmen für den betrieblichen Intensivierungsprozeß und ihre Kombination werden durch das Institut für landwirtschaftliche Betriebs- und Arbeitsökonomik Gundorf durchgeführt bzw. angeleitet.
4. Schlußfolgerungen aus der Arbeit der Koordinierungsgruppen und Forschungskooperationsgemeinschaften sind der Produktionsleitung des RLN als wissenschaftsleitendem Organ zu übergeben, das über die Auftraggeber sichert, daß durch laufende Konkretisierung der Forschungsplanung und im Rahmen der Vertragsforschung die entsprechenden Arbeiten bei den einzelnen Forschungseinrichtungen aufgenommen werden. Es verpflichtet die Leitinstitute, für komplexere Forschungsergebnisse zu sorgen.
Ich darf meine Ausführungen mit einem Zitat von der 13. Tagung des Zentralkomitees der Sozialistischen Einheitspartei Deutschland zusammenfassen:
„Die weitere sozialistische Intensivierung der Landwirtschaft ist eine umfassende Aufgabe, die von prinzipieller Bedeutung für die gesamte künftige Entwicklung der sozialistischen Landwirtschaft und unserer Volkswirtschaft ist."
Genosse MITTAG führte weiter aus:
„Mit der Entwicklung einer intensiven und leistungsfähigen Landwirtschaft verwirklichen wir gleichzeitig ein Grundanliegen der Gestaltung des entwickelten gesellschaftlichen Systems – die ständige Festigung und Vertiefung des Bündnisses der Arbeiterklasse mit der Klasse der Genossenschaftsbauern."

Zusammenfassung

Die Intensivierung ergibt sich gesetzmäßig aus der Entwicklung der Produktivkräfte und Produktionsverhältnisse. Die sozialistische Intensivierung durchdringt die gesamte Volkswirtschaft; sie ist ein entscheidender Prozeß zur Erfüllung des Zieles der sozialistischen Produktion. Sie umfaßt den Teil des einheitlichen Reproduktionsprozesses, der die höhere Wirksamkeit der Produktionsmittel (Faktorenintensität) und die höhere Effektivität des gesamten Systems der gesellschaftlichen Produktivkräfte (Produktionsintensität) bewirkt. Die sozialistische Intensivierung ist der Prozeß zur Steigerung der Produktion und Arbeitsproduktivität, der wirksameren und in der Regel zunehmenden Einsatz und Verbrauch gesellschaftlich notwendiger Arbeit mit der immer effektiveren Gestaltung des Reproduktionsprozesses verbindet. Dabei geht es in erster Linie um die Erhöhung der volkswirtschaftlichen Effektivität. Die Intensität ist das Maß der Intensivierung. Sie kennzeichnet die Mächtigkeit des Produktionsstromes bzw. den Wirkungsgrad bestimmter Produktionsmittel oder Produktivkräfte in einer bestimmten Zeiteinheit, bezogen auf ein bestimmtes Produktionsfeld.

Резюме

Название работы: Экономические проблемы социалистической интенсификации сельского хозяйства на перспективный период

Интенсификация закономерно вытекает из развития производительных сил и производственных отношений. Социалистическая интенсификация пронизывает все народное хозяйство; она является решающим процессом для достижения цели социалистического производства. Она является той частью единого процесса воспроизводства, которая приводит к большей действенности средств производства (интенсивность факторов) и более высокой эффективности всей системы общественных производительных сил (интенсивность производства). Социалистическая интенсификация является процессом, способствующим увеличению производства и повышению производительности труда и связывающим все более действенное и, как правило, увеличивающееся применение и расход общественно необходимого труда со все более эффективной организацией процесса воспроизводства. При этом речь идет в первую очередь об увеличении народнохозяйственной эффективности. Интенсивность является мерой интенсификации. Она характеризует мощность потока производства или степень действенности определенных средств производства или производительных сил за определенную единицу времени, отнесенную к определенному полю производства.

Summary

Title of the paper: Economic problems of socialist intensification of agriculture during the long-range planning period

Intensification is a law-governed principle of the development of productive forces and production relations. Socialist intensification pervades the entire national economy. It constitutes a decisive process to fulfill the aims of socialist production. It covers that part of the uniform reproduction process which brings about the higher efficiency of the means of production (factors intensity) and the higher effectiveness of the whole system of the social productive forces (production intensity). Socialist intensification is a process aimed at raising production and labour productivity by linking the more effective and, in general, increasing use and consumption of socially necessary labour with an ever more efficient organization of the reproduction process, the primary goal being a higher efficiency of the national economy. Intensity is the measure of intensification. It characterizes the magnitude of the production stream or the efficiency of certain means of production or productive forces in a certain time unit as referred to a determined production field.

Literatur

GROSCHOFF, K.; WIRSIG, H.; JANNERMANN, G.; GUSSEK, K.-D.: Fragen der sozialistischen Intensivierung der Landwirtschaft (I). Sitz-Ber. Dt. Akad.-Landwirtsch.-Wiss. Berlin 17 (1968), H. 4, 59 S.

KARNAUCHOVA: In: Ökonomie der Landwirtschaft. Moskau, 1970

MARX, K.: Kapital. Bd. 2 u. 3, Berlin, Dietz-Verl., 1953

TILLACK, R.; ANDERS, H.; KASTEN, A.: Fragen der sozialistischen Intensivierung der Landwirtschaft (II). Sitz.-Ber. Dt. Akad. Landwirtsch.-Wiss. Berlin 17 (1968), H. 5, 36 S.

–: Lenin-Werke. Bd 22, Berlin, Dietz-Verl., 1960, S. 62

–: Marx/Engels-Werke. Bd. 4, S. 174–175

–: Politische Ökonomie des Sozialismus und ihre Anwendung in der DDR. Berlin, Dietz-Verl., 1969

–: Zum 100. Geburtstag W. I. LENINS. Thesen des Zentralkomitees der KPdSU. Berlin, Dietz-Verl., 1970

–: Ökonomie Sozialismus. Wörterb., Berlin, Dietz-Verl., 1967, S. 387

–: Statistisches Jahrbuch der DDR. 1969, S. 134

Anschrift des Verfassers

Prof. Dr. WOLFGANG GAMPE
Hochschule für Landwirtschaftliche
Produktionsgenossenschaften Meißen
825 Meißen, Freiheit 13

Ernst Ehwald, Dietrich Eich, Viktor Koepke, Peter Kundler

Modelle zur Intensivierung der Pflanzenproduktion

Im Rahmen der sozialistischen Intensivierung der Landwirtschaft spielt die Intensivierung der Pflanzenproduktion eine besonders bedeutungsvolle Rolle. Die Pflanzenproduktion als Primärproduktion liefert ja die Rohstoffe für fast alle weiteren Stoffumwandlungs- und Veredlungsprozesse, die sich in der Tierproduktion und der Nahrungsgüterwirtschaft vollziehen. Da die Pflanzenproduktion in weitem Umfang das Ergebnis von Naturvorgängen ist, muß es Ziel aller Intensivierungsmaßnahmen gerade in diesem Abschnitt des Reproduktionsprozesses sein, die örtlich gegebenen Naturfaktoren unter Berücksichtigung ihrer zeitlichen Variabilität mit einem Minimum an gesellschaftlichem Aufwand maximal so zur Wirkung zu bringen, daß eine möglichst hohe und möglichst stabile Stoffproduktion gesichert wird. Andererseits muß die sozialistische Intensivierung in der Pflanzenproduktion auch die örtlich gegebenen Produktionsverhältnisse berücksichtigen, und zwar sowohl den jeweils gegebenen Entwicklungsstand und die daraus abzuleitenden Möglichkeiten und Grenzen für eine effektive Gestaltung der Feld- und Grünlandwirtschaft als auch deren Rückwirkung auf die weitere Entwicklung der Produktionsverhältnisse und des Bewußtseinsstandes.
Alle diese Gesichtspunkte erfordern, daß in der Pflanzenproduktion alle Einzelmaßnahmen auf die örtlichen natürlichen und gesellschaftlichen Bedingungen, aber auch untereinander optimal abgestimmt werden. Wir müssen also bei der Intensivierung dem Systemcharakter der Pflanzenproduktion und darüber hinaus dem Systemcharakter des gesamten betrieblichen und volkswirtschaftlichen Reproduktionsprozesses Rechnung tragen. Dadurch lassen sich bedeutende Struktur- und Kombinationseffekte erreichen, deren Höhe z. B. bei Meliorationsprojekten auf 10–15 % geschätzt wird.
Aus dieser Erkenntnis heraus wurde bereits auf dem X. Deutschen Bauernkongreß die Forderung nach der Gestaltung von Ackerbau- und Meliorationssystemen erhoben.
Die Bezeichnung Ackerbau- und Meliorationssysteme erwies sich jedoch als zu eng. Denn es geht ja bei diesen Systemen nicht nur um die Schaffung optimaler Bedingungen in der Umwelt der Pflanzen, wie sie das Ziel der ackerbaulichen und meliorativen Maßnahmen sind, sondern vielmehr darum, das gesamte biologische System Umwelt–Pflanze zur optimalen Wirkung zu bringen. Das aber ist nicht möglich, ohne die Pflanzenbestände selbst so auszuwählen und zu beeinflussen, daß sie die geschaffenen Umwelt-

bedingungen möglichst weitgehend ausnutzen. Es müssen also die pflanzenbaulichen Maßnahmen einbezogen werden. Daher wurde dann der Begriff „Pflanzenproduktionssysteme" gewählt.
Auch zu diesem Begriff und seinem Inhalt hat es in der Zwischenzeit zahlreiche Diskussionen gegeben.
Ein Hauptproblem liegt darin, daß es einerseits zweigspezifische Pflanzenproduktionssysteme gibt, also z. B. Systeme der Futter-, Getreide-, Zuckerrübenproduktion, andererseits betriebliche bzw. überbetriebliche komplexe Pflanzenproduktionssysteme, die jeweils mehrere zweigspezifische Teilsysteme umfassen, daneben aber auch Elemente, die nicht unmittelbar Bestandteil der zweigspezifischen Pflanzenproduktionssysteme sind, wie z. B. viele Meliorationsmaßnahmen. Die Erarbeitung der zweigspezifischen Systeme ist in erster Linie Aufgabe der Komplexinstitute, während die komplexen Systeme im Forschungszentrum Müncheberg in Zusammenarbeit mit den Komplexinstituten sowie dem Institut für Landwirtschaftliche Betriebs- und Arbeitsökonomik Gundorf bearbeitet werden sollen.
Ein zweites Problem liegt in der Abgrenzung. So wurde die Auffassung vertreten, daß von Müncheberg nur Systeme der pflanzlichen Stoffproduktion bearbeitet werden sollten, d. h. Systeme, welche die Primärproduktion in engem Sinne umfassen. Die Ernte als Stoffgewinnung sowie Transport, Lagerung und Konservierung des Erntegutes würden in den Systemen der pflanzlichen Stoffproduktion nicht eingeschlossen sein, während sie in den zweigspezifischen Pflanzenproduktionssystemen zweifellos enthalten sein müssen. Eine solche, den spezifischen Aufgaben eines Forschungszentrums für Bodenfruchtbarkeit durchaus angemessene engere Abgrenzung würde allerdings die Erarbeitung von betrieblichen Produktionssystemen, deren wichtigste Teilsysteme ja Pflanzenproduktions- und Tierproduktionssysteme sind, beträchtlich erschweren, worauf besonders vom Institut für Landwirtschaftliche Betriebs- und Arbeitsökonomik hingewiesen wurde. Zudem müßten bei der praktischen Gestaltung der komplexen Systeme Ernte, Transport und Lagerung zumindest als Randbedingungen berücksichtigt werden. Daher scheint eine weitere Fassung der komplexen Systeme als komplexe Pflanzenproduktionssysteme doch wohl zweckmäßig.
Da es sich bei der Bearbeitung von Pflanzenproduktionssystemen um eine sehr komplizierte und komplexe Aufgabe handelt, an der zahlreiche Einrichtungen innerhalb und außerhalb der Akademie mitarbeiten müssen, erscheint eine Verständigung über die zu verwendenden Begriffe und eine Klärung der zu berücksichtigenden Beziehungen in diesem System selbst und darüber hinaus zu anderen und übergeordneten Systemen besonders dringlich. Unter den genannten Gesichtspunkten ergibt sich folgende Definition:
Pflanzenproduktionssysteme umfassen die Gesamtheit der aufeinander und auf die örtlich gegebenen Bedingungen abgestimmten meliorativen, agrotechnischen und agrochemischen Verfahren zur möglichst effektiven Erzeugung hoher Pflanzenerträge mit hohen Qualitätseigenschaften (= Teilsystem

der pflanzlichen Stoffproduktion) sowie die Verfahren der Ernte und Lagerung (einschl. Konservierung) in kooperativ zusammenarbeitenden sozialistischen Landwirtschaftsbetrieben oder Territorien sowie die dabei unmittelbar wirksamen Bedingungen und Faktoren. Es sind ökonomische Systeme, deren wichtigste Zielfunktion darin besteht, die Produktivkräfte so einzusetzen, daß die erforderliche Menge und Qualität pflanzlicher Erzeugnisse (unter Berücksichtigung der entwicklungsbedingten Veränderungen der Anforderung) möglichst stabil mit einem Minimum an gesellschaftlichem Aufwand erreicht wird. Sie enthalten daher auch technische und biologische Elemente.
Um die Zielfunktionen zu erreichen, ist die Entwicklung von mathematischen Modellen zur Intensivierung der Pflanzenproduktion erforderlich, die 2 Aufgaben erfüllen müssen:
1. Die Modelle müssen durch Berechnung von Varianten bzw. die Optimierung aussichtsreicher Varianten gestatten, eine den örtlichen Bedingungen bestmöglichst angepaßte Struktur des Systems auszuwählen und zu gestalten, insbesondere eine ökonomisch zweckmäßige Kombination der einzelnen Verfahren zu finden. Dabei kommt der Auswahl der anzuwendenden Meliorationsverfahren sowie der Hauptproduktionsrichtung bzw. dem Produktionsprofil entscheidende Bedeutung zu. Beides bedingt sich natürlich wechselweise. So ist die Entscheidung, ob eine unter den gegebenen Bedingungen mögliche Bewässerung und ggf. welche Art der Bewässerung vorzusehen ist, nicht möglich ohne gleichzeitige Entscheidung über das Produktionsprofil, andererseits bestimmt die anzuwendende Fruchtfolge über den Bedarf an Bewässerungswasser, z. B. über die Größe eines etwa zu bauenden Wasserspeichers.
2. Die Modelle müssen darüber hinaus dazu beitragen, die in dem System unter den gewählten Bedingungen ablaufenden Prozesse in zunehmendem Maße so zu beeinflussen, daß eine hohe Stabilität des Systems und möglichst günstige Ergebnisse erzielt werden. Die Stabilität darf dabei nicht starr verstanden werden, vielmehr kommt es darauf an, daß das System den gesetzmäßigen Veränderungen der Produktivkräfte und Produktionsverhältnisse sowie den Anforderungen ohne Verluste an innerer Stabilität und ohne zu große Schwankungen der Ergebnisse zu folgen vermag. Die Regelungs- bzw. Steuerungsfunktion der Modelle wird in dem Maße an Bedeutung gewinnen, wie wir zukünftig zu einer programm- und teilweise sogar prozeßgesteuerten Pflanzenproduktion kommen.
Die genannten beiden Aufgaben sind im Grunde nur verschiedene Aspekte einer Aufgabe, denn die Struktur des Systems kann nicht ohne Berücksichtigung der Möglichkeiten zur Steuerung, Regelung und Störungseliminierung gewählt werden, bedingt umgekehrt ihrerseits die Möglichkeiten und Verfahren zur laufenden Beeinflussung.
Das Pflanzenproduktionssystem in einem sozialistischen Landwirtschaftsbetrieb bzw. einer Kooperationsgemeinschaft ist Teilsystem des betrieblichen Produktionssystems und erhält von dort seine Führungsgrößen. Es ist besonders mit dem System der Tierproduktion des jeweiligen Betriebes durch

Kopplung und Rückkopplung verbunden. Für ein optimales Funktionieren des gesamten betrieblichen Systems der Produktionsorganisation – vor allem auch für eine stabile hocheffektive Tierproduktion – ist die richtige Wahl der Struktur des Teilsystems der Pflanzenproduktion, seine Stabilität und Effektivität von grundlegender Bedeutung.
Über die betrieblichen Produktionssysteme sind die Pflanzenproduktionssysteme auch in das System der Land- und Nahrungsgüterwirtschaft im Territorium eingegliedert. Man kann und muß aber andererseits im Territorium das Gesamtsystem der Land- und Nahrungsgüterwirtschaft auch in seine Teilsysteme aufgliedern, also territoriale Pflanzenproduktionssysteme untersuchen und gestalten.
Darüber hinaus sind weitere Beziehungen zu beachten, z. B. sind die Pflanzenproduktionssysteme in die nach dem Landeskulturgesetz zu entwickelnden territorialen Systeme der sozialistischen Landeskultur einzuordnen.
Für die weitere Arbeit auf dem Gebiet der Bodenfruchtbarkeitsforschung sind schließlich Beziehungen besonders zu berücksichtigen, die zwischen den betrieblichen Pflanzenproduktionssystemen zu überbetrieblichen Wasserwirtschafts- und Meliorationssystemen bestehen. Zum Beispiel müssen sich die Hydromeliorationsanlagen und -verfahren in den einzelnen Betrieben der thüringischen Ackerebene in das dortige Wasserwirtschafts- und Hydromeliorationssystem einordnen.
Darüber hinaus gibt es eine große Anzahl weiterer Verpflechtungen, die es erfordern, die verschiedensten Systemregelungen in und außerhalb der Land- und Nahrungsgüterwirtschaft bei der Ausarbeitung der Modelle zu beachten. Als Beispiel sei nur auf die Einheitssysteme der Mechanisierung der Pflanzenproduktion verwiesen – die Beziehungen zu den zweigspezifischen Pflanzenproduktionssystemen wurden bereits erwähnt.
Im Pflanzenproduktionssystem ist der biologische Prozeß der Ertragsbildung zusammen mit den zu seiner Beeinflussung dienenden Maßnahmen als S t e u e r - u n d R e g e l s t r e c k e zu betrachten (Abb.). Diese Steuer- und Regelstrecke wird vom Leiter der Pflanzenproduktion auf der Grundlage der Perspektiv- und Jahrespläne und in Zukunft weitgehend mit Hilfe von Rechenanlagen gesteuert und geregelt. Die Rechenanlagen müssen über ein inneres Modell und mehrere wahlweise anzuwendende Programme für alle mit ausreichender Wahrscheinlichkeit auftretenden Situationen verfügen. Dieser gesamte Regler – hier als P r o g r a m m g l i e d bezeichnet – erhält seine Führungsgrößen vom übergeordneten Organisations- und Leitungssystem. Die zur Steuerung und Regelung notwendigen Informationen erhält der Leiter bzw. die Rechenanlage vom M e ß g l i e d. Dazu gehören das innerbetriebliche Informationssystem, Untersuchungsdienste (z. B. meteorologischer Dienst, agrochemischer Untersuchungsdienst, Pflanzenschutzdienst) sowie spezielle Meßeinrichtungen. Die Informationen betreffen sowohl Eingangsgrößen (Versorgungs- und Störgrößen) als auch Ausgangsgrößen. Unter diesen müssen wir Hauptregelgrößen und Hilfsregelgrößen unterscheiden.

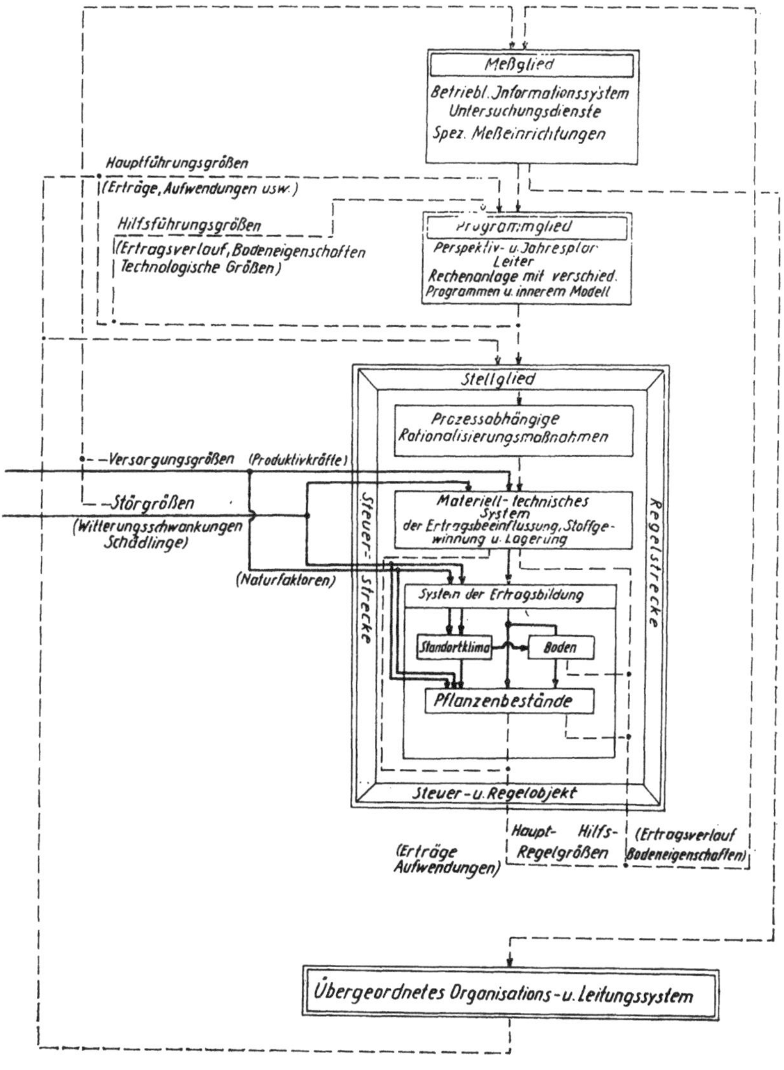

Pflanzenproduktionssystem als Steuer- und Regelsystem

Hauptregelgrößen sind vor allem Erträge und Aufwendungen, Hilfsregelgrößen sind z. B. Ernährungszustand der Pflanzen, Bodenfeuchte, Nährstoffzustand des Bodens, technologische Größen usw. Die Informationen gehen nicht nur an das zum System gehörende Programmglied zur unmittelbaren Weiterverarbeitung, sondern nach entsprechender Aggregierung auch an das übergeordnete Organisations- und Leitungssystem. Die verarbeiteten Informationen können aber auch unmittelbar zur Korrektur der Führungsgrößen dienen. Dadurch wird die Weiterentwicklung des Systems gewährleistet, es wird zum selbstlernenden System.

Auch bei den Führungsgrößen unterscheiden wir Hauptführungsgrößen und Hilfsführungsgrößen. Die Hauptführungsgrößen, die, wie bereits erwähnt, von übergeordneten Organisations- und Leitungssystemen kommen, leiten sich aus den gesellschaftlichen Bedürfnissen im weitesten Sinne ab – dazu gehören auch die Weiterentwicklung der Produktionsverhältnisse und die Weiterentwicklung der Arbeits- und Lebensbedingungen. Die wichtigsten Hauptführungsgrößen sind natürlich die zur stabilen Bedarfsbefriedigung zu fordernden Mengen und Qualitäten pflanzlicher Erzeugnisse und die möglichst niedrig zu haltenden Aufwendungen, darüber hinaus aber auch spezielle Festlegungen über die Entwicklung der Arbeitsproduktivität, der Fondseffektivität, des Arbeitskräfteeinsatzes usw.

Hilfsführungsgrößen sind z. B. Sollwerte oder Mindestwerte des Nährstoffgehaltes im Boden oder bestimmter Pflanzenteile, der Bodenfeuchte, technologischen Sollwerte usw. Mit ihnen werden die entsprechenden Hilfsregelgrößen laufend verglichen, aus den Abweichungen die notwendigen Regelungsmaßnahmen abgeleitet.

Zur möglichst weitgehenden Beherrschung der in der pflanzlichen Stoffproduktion ablaufenden Prozesse müssen alle Möglichkeiten des Eingreifens genutzt und miteinander verbunden werden: Steuerung, Regelung und Störungseliminierung sind zu kombinieren. Das soll am Beispiel der Wasserversorgung der Kulturpflanzenbestände beleuchtet werden. Wenn wir durch Vorratsbewässerung in lehmigen Böden oder Einziehen einer wasserstauenden Schicht im Untergrund von Sandböden einen Wasservorrat schaffen, der auch in Trockenperioden eine ausreichende Wasserversorgung gewährleistet, so machen wir das System von vornherein störungsunabhängiger, wir wenden ein Verfahren der Störungseliminierung an. Kommt es trotzdem zu Wassermangel, so können wir dieser eingetretenen oder voraussichtlich in Kürze eintretenden Störung durch spezielles Eingreifen, also z. B. durch Beregnung begegnen. Beregnen wir, weil längere Zeit kein Niederschlag gefallen und die Lufttemperatur hoch ist und nach Information des meteorologischen Dienstes auch weiter mit trockenem Wetter zu rechnen ist, so hat die Beregnung den Charakter einer Steuerungsmaßnahme.

Beregnen wir jedoch, weil uns Messungen am Pflanzenbestand ein Nachlassen des Wachstums anzeigen, so hat die Beregnung den Charakter einer Regelung des Pflanzenwachstums über die Beeinflussung der Wasserversorgung. Der Unterschied zwischen Steuern und Regeln liegt ja vor allem darin, daß wir beim Steuern Maßnahmen auf Grund von Messungen an den Einflußgrößen treffen, während wir beim Regeln Maßnahmen auf Grund von Messungen an der zu regelnden Ausgangsgröße ergreifen. Eine Regelung ist auch über Messungen an Hilfsregelgrößen möglich, ein solcher Fall wäre z. B. die Bewässerung auf Grund von Messungen über die Bodenfeuchtigkeit. Durch die Kombination von Steuerung und Regelung ergibt sich ein Regelkreis mit Störgrößenaufschaltung.

Die Stabilität und Effektivität der Pflanzenproduktionssysteme muß weiter dadurch erhöht werden, daß das Prinzip der Systemhierarchie ausgenutzt wird. Die Pflanzenproduktionssysteme sind ja, wie bereits erläutert, Teilsysteme der übergeordneten Organisations- und Leitungssysteme. Sie erhalten von dort nicht nur ihre Führungsgrößen, sondern können auch vom übergeordneten System aus gesteuert oder geregelt werden. Zum Beispiel können vom übergeordneten Organisations- und Leitungssystem auf Grund der erhaltenen Informationen bevorzugt Maschinen, Düngemittel usw. zur Verfügung gestellt werden.

Die Systemhierarchie gilt es auch innerhalb des Pflanzenproduktionssystems selbst zu beachten und auszunutzen. Es besteht nämlich aus mehreren einander übergeordneten Teilsystemen, und die Berücksichtigung dieses Umstandes erscheint für ein richtiges Herangehen bei der Erarbeitung der Intensivierungsmodelle sehr wesentlich.

Als inneres Teilsystem erscheint das biologische System der Ertragsbildung, d. h. das System Klima – Boden – Pflanzenbestände, dessen Elemente ja selbst wieder komplizierte Systeme darstellen. Es ist Steuer- und Regelobjekt im übergeordneten System der pflanzlichen Stoffproduktion. Mit Hilfe der meliorativen, agrochemischen und agrotechnischen Maßnahmen, die bei dieser Betrachtungsweise den Charakter von Stellgrößen haben, wird der Prozeß der Ertragsbildung im Sinne der Führungsgrößen gesteuert und geregelt. Im System der pflanzlichen Stoffproduktion läuft also neben dem biologischen Prozeß der Ertragsbildung der materiell-technische Prozeß der Ertragsbeeinflussung ab. Hinzu kommen außerdem die Maßnahmen der Stoffgewinnung, des Transportes und der Lagerung und Konservierung.

V e r s o r g u n g s g r ö ß e n im biologischen System der Ertragsbildung sind die natürlichen Wachstumsfaktoren, S t ö r g r ö ß e n sind deren witterungsbedingte Schwankungen sowie Schädlinge und biotische oder abiotische Schädigungen. Im materiell-technischen System der Ertragsbeeinflussung, Stoffgewinnung und Lagerung sind die gesellschaftlichen Produktivkräfte (also Arbeitskräfte, Maschinen, Düngemittel, Beregnungswasser, Pflanzenschutzmittel) Versorgungsgrößen. Im Gegensatz zu den natürlichen Versorgungsgrößen unterliegen diese materiell-technischen Versorgungsgrößen einer gesetzmäßigen Weiterentwicklung. Das System muß daher so konzipiert werden, daß es diesen vorauszusehenden und planbaren Veränderungen der

Versorgungsgrößen folgen kann. Außerplanmäßige Schwankungen der Versorgungsgrößen haben jedoch den Charakter von Störgrößen.
Da die ertragsbeeinflussenden Maßnahmen so durchgeführt und kombiniert werden sollen, daß nicht nur die Naturfaktoren optimal zur Wirkung gebracht werden, sondern dies auch mit einem Minimum an gesellschaftlichem Aufwand erreicht wird, ist der Maßnahmenkomplex der Ertragsbeeinflussung nicht nur Stellglied für den biologischen Prozeß der Ertragsbildung, sondern auch selbst Steuer- und Regelobjekt im Gesamtsystem. Stellglieder sind hier die prozeßabhängigen Rationalisierungsmaßnahmen, die ein optimales Zusammenwirken und einen optimalen Ablauf der agrochemischen und agrotechnischen Maßnahmen sichern müssen. Als Beispiel sei angeführt, daß die Bewässerung von Pflanzenbeständen eine Maßnahme zur Steuerung oder Regelung des Naturprozesses der Ertragsbildung darstellt, die Organisation der Beregnung unter dem Gesichtspunkt möglichst niedriger Aufwendungen dagegen eine Steuerung evtl. auch Regelung dieses Verfahrens. Es soll nochmals ausdrücklich unterstrichen werden, daß im Pflanzenproduktionssystem Steuer- und Regelobjekt nicht nur der biologische Ertragsbildungsprozeß ist, sondern auch der zu seiner Beeinflussung dienende Maßnahmekomplex.
Über dem Pflanzenproduktionssystem steht dann, wie bereits erwähnt, das betriebliche Produktionssystem, in dem unser System seinerseits ein Steuer- oder Regelobjekt darstellt, eine weitere Stufe dieser Hierarchie bilden die übergeordneten territorialen Systeme. Besonders die vorhin erwähnten entwicklungsbedingten Veränderungen der Produktivkräfte müssen großenteils durch Anpassung der Führungsgrößen sowie Steuerung und Regelung aus den übergeordneten Systemen berücksichtigt werden.
Diese komplizierte Systemhierarchie, die unbedingt beachtet werden muß, stellt an die Forschung zur Ausarbeitung von Entscheidungsmodellen bereits sehr hohe Anforderungen. Die Aufgabe wird jedoch noch weiter dadurch kompliziert, daß der Maßnahmekomplex zur Ertragsbeeinflussung aus sehr unterschiedlichen Maßnahmen besteht, die auf unterschiedliche Elemente bzw. Teilprozesse im System Umwelt – Pflanze einwirken, in unterschiedlicher Weise miteinander gekoppelt sind und unterschiedlichen Rationalisierungsmaßnahmen unterliegen. Infolgedessen stehen der bisher geschilderten sozusagen horizontalen Systemgliederung – vom betrieblichen Organisations- und Leitungssystem bis zum biologischen System Umwelt – Pflanze – noch sozusagen vertikale Gliederungen gegenüber, nämlich eine Gliederung in die zweigspezifischen Verfahrenssysteme – also die Systeme der Getreide-, Futter-, Kartoffelproduktion – und die Gliederung in Elemente bzw. Teilsysteme, die durch einzelne Teilprozesse im Ertragsbildungsprozeß und die zu ihrer Steuerung und Regelung notwendigen Verfahren gekennzeichnet sind, z. B. das Teilsystem der Nährstoffversorgung und Düngung mit all seinen miteinander zu koppelnden Teilmaßnahmen. Wir müssen also bei der Ausarbeitung der Modelle zur Intensivierung der Pflanzenproduktion drei Betrachtungsweisen anwenden:

Wir müssen berücksichtigen
1. die hierarchische Gliederung von biologischen Ertragsbildungssystemen bis zum Betriebssystem,
2. die Gliederung nach zweigspezifischen Verfahrensketten und
3. die Gliederung nach Teilprozessen und den zu ihrer Steuerung und Regelung notwendigen Maßnahmen, die in allen oder mehreren zweigspezifischen Verfahrensketten wiederkehren.

In diesem Zusammenhang soll die Problematik der bodenfruchtbarkeitssteigernden Maßnahmen im Vergleich zu anderen Maßnahmen gestreift werden. Während viele agrotechnische und agrochemische Maßnahmen, wie z. B. Bewässerung oder Anwendung von Pflanzenschutzmitteln, in erster Linie auf eine vermehrte Zufuhr wichtiger Versorgungsgrößen oder die unmittelbare Ausschaltung von Störgrößen abzielen, geht es bei den unmittelbar auf Steigerung der Bodenfruchtbarkeit abzielenden Maßnahmen um die Erhöhung der Kapazität und Effektivität eines inneren Fonds.

Im System der Ertragsbildung sind Boden und Pflanze selbständige Teilsysteme, die in mannigfaltiger Weise miteinander gekoppelt und rückgekoppelt sind. Wenn wir einen Vergleich mit der Industrie ziehen wollen, hat der Boden – worauf *W. SCHILLING* (brieflich) hingewiesen hat – zunächst den Charakter einer Vorfertigungsstätte und eines Bereitstellungslagers. Er dient ja vor allem als Transformator und Speicher für Wasser, Pflanzennährstoffe und andere Wachstumsfaktoren. Dabei betrifft die Transformation sowohl von außen zugeführte als auch aus dem Boden selbst stammende, sozusagen selbst vorgefertigte Stoffe. Der Boden gibt außerdem Wasser und Nährstoffe nicht beliebig und auch nicht gleichmäßig an die Pflanze ab, sondern u. a. in Abhängigkeit von der Größe und Struktur des Vorratslagers, also z. B. Mengen und Anteilen leichter und schwerer verfügbarer Pflanzennährstoffe, von lockerer oder fester gebundenem Wasser. Je geringer die Mengen und Anteile an leicht verfügbarem Wasser oder Nährstoffen sind, um so fester werden diese Stoffe in der Regel vom Boden gehalten. Der Boden hat also im System der Stoffproduktion auch die Funktion einer Dosierungseinrichtung oder eines Stellgliedes, das allerdings von uns nicht beliebig, sondern nur in bestimmten Grenzen reguliert werden kann. In diesem Sinne ist die Bodenfruchtbarkeit die Kapazität und Effektivität eines inneren Fonds zur Versorgung der Pflanzenbestände mit wichtigen Versorgungsgrößen. Die Maßnahmen zur unmittelbaren Steigerung der Bodenfruchtbarkeit, insbesondere die Bodenmeliorationsmaßnahmen, zielen also auf die Erweiterung dieser Kapazität und die Erhöhung ihrer Effektivität hin.

Angesichts der Bedeutung dieses Fonds sind im System besondere Hilfsführungsgrößen notwendig, welche die Erhaltung und Steigerung seiner Kapazität und Effektivität gewährleisten müssen.

Aus den hier kurz dargelegten Strukturen und Funktionen in den realen Pflanzenproduktionssystemen ergeben sich eine große Zahl von Forschungsaufgaben für die Erarbeitung der Intensivierungsmodelle. Diese Modelle sollen für die sozialistische Intensivierung in der Praxis eine richtige Systemgestaltung und richtige Führung der im System ablaufenden Prozesse gewährleisten. Es wurde bereits darauf hingewiesen, daß allein dadurch erhebliche Struktur- und Kombinationseffekte zu erreichen sind bzw. Reibungsverluste weitgehend vermieden werden können. Im übrigen wird der Nutzen dieser Modelle aber besonders dann augenscheinlich werden, wenn es gelingt, bei Einführung neuer Verfahren die Gesamtheit der dazu notwendigen Voraussetzungen und Folgemaßnahmen mit ihrer Hilfe von vornherein umfassend zu berücksichtigen. Es handelt sich also um Hilfsmittel zur möglichst rationellen Durchführung von Intensivierungsmaßnahmen, deren Anwendung angesichts des hohen Maßes an geistiger Arbeit, die zu ihrer Aufstellung und Nutzung erforderlich ist, selbst den Charakter einer Intensivierungsmaßnahme besitzt.

Die Erarbeitung dieser Intensivierungsmodelle ist als gemeinsame Zielfunktion der Bodenfruchtbarkeitsforschung mit der zweigspezifischen Forschung in der Pflanzenproduktion unter Einbeziehung der betriebsökonomischen Forschung aufzufassen. Dabei ist ein gut aufeinander abgestimmtes stufenweises Voranschreiten auf einer Reihe von gleichzeitig zu bearbeitenden Teilgebieten erforderlich.

Man wird zunächst relativ einfache Modelle unter Anwendung des derzeitigen Erkenntnisstandes in den einzelnen Verfahren erarbeiten müssen. Im Laufe der Zeit sind diese einfachen Modelle sowohl durch immer weitere Detaillierung und Präzisierung als auch durch Einbeziehung von Fortschritten in den einzelnen Verfahren zu vervollkommnen. Die Modelle müssen die Möglichkeit bieten, das Verhalten der realen Systeme unter verschiedenen Voraussetzungen zu simulieren, um daraus Schlußfolgerungen abzuleiten, wie die Struktur und Funktion dieser realen Systeme verändert bzw. beeinflußt werden muß, damit der Prozeß im Sinne der Führungsgrößen verläuft.

Die ersten Modelle müssen Aussagen darüber ermöglichen:

1. was, wie und wo bei der in den nächsten Jahren gegebenen Ausstattung mit Grund- und Umlaufmitteln mit den derzeit bekannten bzw. realisierbaren Verfahren optimal produziert werden kann,
2. welche Möglichkeiten zur weiteren Verbesserung mit bereits absehbaren Verfahren bzw. bei steigender Ausstattung mit Grund- und Umlaufmitteln gegeben sind.

Es handelt sich dabei also zunächst ausgesprochen um den zweiten Weg der sozialistischen Intensivierung – d. h. um die komplexe sozialistische Rationalisierung.

Im weiteren Verlauf der Arbeit sind dann unter Ausnutzung neuer Erkenntnisse über die Ertragsbildung sowie neuer Wirkprinzipien und Lösungen in den einzelnen Verfahren Modelle für eine pflanzliche Stoffproduktion mit teilautomatisierten und teilweise programm- oder prozeßgesteuerten Verfahren, also Modelle für den ersten Weg der Intensivierung – die Systemautomatisierung – zu erarbeiten.

Im einzelnen sind folgende Teilaufgaben zu lösen:

1. Eingehende Systemanalysen müssen zunächst zur Erarbeitung von Wirkungsschemata führen, um die Struktur und Funktionen in den realen Systemen, aber auch die Wechselwirkungen mit übergeordneten und anderen Systemen aufzuklären. Dabei sind insbesondere auch die Wechselwirkungen zwischen den an Betriebe bzw. Kooperationsgemeinschaften gebundenen Pflanzenproduktionssystemen und überbetrieblichen Wasserwirtschafts- und Meliorationssystemen zu beachten.

2. Die nächste Aufgabe ist die Erarbeitung von mathematischen Modellen sowohl für das Gesamtsystem als auch für die wichtigsten Systemelemente bzw. Teilsysteme. Diese Teilmodelle betreffen z. B. die einzelnen Verfahren und Verfahrensketten, aber auch die Versorgungsansprüche der Pflanzenbestände und die Stoff- und Energiepotentiale der natürlichen Standorte, die immer exakter zu erfassen und zu quantifizieren sind. Sicher werden zunächst solche mathematischen Modelle für die Teilsysteme leichter aufzustellen und zu rechnen sein als das Gesamtmodell, in das wohl zunächst nur stark aggregierte Ergebnisse der Teilmodelle eingehen können. Jedoch würde eine Beschränkung auf Teilmodelle selbst in der ersten Phase falsch sein, weil die Teilmodelle ja auf das Gesamtmodell ausgerichtet sein müssen. Deshalb muß beides Hand in Hand gehen.

3. Zur Vorbereitung der Varianten- und Optimierungsrechnungen ist ein integriertes System der Datenerfassung und -qualifizierung zu erarbeiten und ein einheitlicher Plan der Parametergewinnung aufzustellen. Als Kernstück dafür kann das bereits in Ausarbeitung begriffene EDV-Projekt für die Ergebnisse von Feldversuchen dienen. Auch dabei wird man stufenweise vorgehen, um möglichst bald mit den allerwichtigsten Eingangsgrößen Beispiele rechnen zu können. Es wird also eine Rangfolge der Bedeutung aufzustellen sein, es müssen die wichtigsten Parameter ermittelt und notfalls abgeschätzt werden.

4. Von der Verfahrensforschung sind neue Wirkprinzipien und systemgerechte Lösungen für die einzelnen meliorativen, agrotechnischen und agrochemischen Verfahren zur Verfügung zu stellen.

5. Um eine künftige programm- bzw. prozeßgesteuerte Stoffproduktion vorzubereiten, sind die für die Steuerung und Regelung wichtigsten ertragsbestimmenden Prozesse im System Umwelt – Pflanze aufzuklären, zu quantifizieren und in Modellen darzustellen. Daraus sind die inneren Modelle für die Programmierung des Systems abzuleiten.

6. Für die Steuerung und Regelung der Prozesse sind Methoden und Geräte zur Informationsgewinnung, insbesondere auch für die Hilfsregelgrößen (Ertragsverlauf, Bodeneigenschaften) zu entwickeln.

Es ist also ein sehr umfangreiches Programm von Aufgaben zu bewältigen. Es soll noch einmal betont werden, daß man sich am Anfang mit einfachen und Näherungslösungen wird begnügen müssen und stufenweise zu einer Erweiterung, Präzisierung und Vervollständigung gelangen muß. Auf jeder

Entwicklungsstufe werden Modelle an Beispielsbetrieben zu erproben und entsprechend den dabei gewonnenen Erfahrungen weiterzuentwickeln sein. Von besonderer Bedeutung für das Wirksamwerden der Modelle in der Praxis wird die Erarbeitung einer Führungskonzeption sein, die alle Maßnahmen zum Inhalt hat, die zur Einführung der erarbeiteten Ergebnisse in die Praxis ergriffen werden müssen. Ausgehend von den in den Beispielkooperationsgemeinschaften durchgeführten Experimenten werden Beratungsdienste bzw. Organisations- und Rechenzentren die Modelle in den Praxisbetrieben anzuwenden haben. Dazu sind sicher umfangreiche Qualifizierungsmaßnahmen notwendig.

Zusammenfassung

Bei der sozialistischen Intensivierung der Pflanzenproduktion ist der Systemcharakter der Pflanzenproduktion sowie des gesamten Produktionsprozesses zu beachten, d. h., alle Einzelmaßnahmen müssen auf die örtlichen natürlichen und gesellschaftlichen Bedingungen sowie untereinander mit Hilfe von Modellen optimal abgestimmt werden. Die Stellung von Pflanzenproduktionssystemen zu anderen Systemen, insbesondere zu den übergeordneten betrieblichen und territorialen Produktionssystemen wird erörtert. An Hand eines Schemas werden die wichtigsten Beziehungen innerhalb dieser Systeme unter dem Aspekt der Steuerung und Regelung diskutiert. Daraus werden die wichtigsten Forschungsaufgaben für die Erarbeitung von Modellen zur Intensivierung der Pflanzenproduktion abgeleitet.

Резюме

Название работы: Модели интенсификации растениеводства

При социалистической интенсификации растениеводства следует учитывать системный характер растениеводства и всего процесса производства, т. е. мероприятия должны быть с помощью моделей оптимально согласованы с местными естественными и общественными условиями, а также между собой. Показывается место растениеводческих систем по отношению к другим системам, особенно к вышестоящим внутрихозяйственным и территориальным системам производства. С помощью схемы обсуждаются важнейшие взаимосвязи внутри этих систем под аспектом управления и регулирования. Из этого делается вывод о важнейших исследовательских задачах для разработки моделей интенсификации растениеводства.

Summary

Title of the paper: Models for intensifying plant production

Socialist intensification of plant production must take into due account the system character of plant production as well as of the entire production process, i. e. all single measures must be optimally adapted to each other and to the respective natural and social conditions of the location making use of models. The position of plant production systems with regard to other systems, in particular to the overlying single farm and territorial production systems, is discussed. By means of a diagram the principal relations within such systems are considered under the aspect of controlling and directing them. From this, the major research tasks for elaborating models for the intensification of plant production are derived.

Anschrift der Verfasser:

Prof. Dr. ERNST EHWALD
13 Eberswalde, Teuberstraße 26
Schicklerstraße 3
Prof. Dr. DIETRICH EICH, Dr. VIKTOR KOEPKE
Prof. Dr. PETER KUNDLER
Forschungszentrum für Bodenfruchtbarkeit Müncheberg
der Deutschen Akademie
der Landwirtschaftswissenschaften zu Berlin
1278 Müncheberg, Wilhelm-Pieck-Straße 72

Fritz Berg

Höhere Effektivität bei der Intensivierung der Pflanzenproduktion durch Kooperation

In der Pflanzenproduktion entspricht das gegenwärtige Produktions- und Effektivitätsniveau nicht den volks- und betriebswirtschaftlichen Erfordernissen und Möglichkeiten. Von 1965 bis 1969 sind die pflanzlichen Erträge im Durchschnitt jährlich nur um 1,55 dt-StW/ha gestiegen. Dabei wurde das in Feldversuchen nachgewiesene Ertragspotential bei Getreide nur zu 75 bis 80 %, bei Zuckerrüben nur zu 65 bis 70 % und bei Kartoffeln sogar nur zu 55 bis 60 % ausgeschöpft.

In allen LPG, VEG und ihren KOG ist es erforderlich, mittels wirksamer Intensivierungsmaßnahmen die Erträge schnell und nachhaltig zu steigern, wie es das ökonomische Bewegungsgesetz des Sozialismus verlangt.

Im Hauptreferat wurden die Grundsätze der sozialistischen Intensivierung dargelegt. In meinem Korreferat werde ich zu einigen Fragen der Fondseffektivität im Bereich der Pflanzenproduktion Stellung nehmen.

In stärkerem Maße als bisher kommt es darauf an, die Pflanzenproduktion einer komplexen Betrachtungsweise zu unterziehen. Das bedeutet, nicht nur das Hauptproduktionsmittel „Boden" oder andere Produktionsmittel einzeln zu sehen, sondern auf Grund von Systemanalysen die jeweils wirksamsten Intensivierungsmaßnahmen zu ermitteln. Bei der Betrachtung und Durchdringung der Produktionsprozesse, der Zusammenhänge zwischen Aufwand und Erfolg, sind besonders solche Möglichkeiten zu untersuchen, die zu einer hohen Fondseffektivität führen, um somit dem Ziel der sozialistischen Intensivierung, das im Erreichen einer hohen Nettobodenproduktion zu sehen ist, Schritt für Schritt näher zu kommen. Dabei sind die ökonomischen Regelungen so zu gestalten, daß mit einer hohen Nettobodenproduktion möglichst auch ein hoher Gewinnzuwachs erzielt wird.

1. Grundmittel

In der Pflanzenproduktion nehmen die Grundfonds im Intensivierungsprozeß einen immer größeren Umfang ein. Darum ist es verständlich, daß der Nachweis über die Grundfondseffektivität der wichtigste Inhalt aller ökonomischen Untersuchungen sein sollte.

Derzeit sind die Unterschiede im Grundmittelbesatz je ha Anbaufläche von Betrieb zu Betrieb bei etwa gleicher Anbaustruktur und gleich hoher Bruttoproduktion außerordentlich hoch. Sie betragen 100 und mehr Prozent. Es gibt viele LPG und VEG, die unter voller Ausnutzung der gegebenen Kooperationsmöglichkeiten bzw. auf Grund einer hohen Konzentration ihrer Produktion günstige Relationen zwischen Grundmitteleinsatz und pflanzlicher Brutto- bzw. Nettoproduktion erreichen. Andererseits darf nicht übersehen werden, daß sehr viele unserer Betriebe die Grundmittel unrationell nutzen und demzufolge eine unbefriedigende Grundfondseffektivität erreichen.

2. Mechanisierungsmittel

Innerhalb der Grundfonds, die zweckmäßigerweise in Mechanisierungsmittel, Bauten und Meliorationsanlagen zu trennen sind, verursachen die Mechanisierungsmittel jährlich die höchsten Kosten, da sie in wenigen Jahren abgeschrieben sind und hohe Reparaturen aufweisen. Im Zuge der wissenschaftlich-technischen Revolution ist die Entwicklung von Mechanisierungs- und Automatisierungsmitteln, von Produktionsinstrumenten auf der Grundlage neuer Prinzip- und Systemlösungen für eine industriemäßig zu betreibende Pflanzenproduktion unerläßlich. Es muß aber erreicht werden, daß bei einer durchschnittlichen Nutzungsdauer von etwa sechs Jahren durch hohe Auslastung der Technik einerseits und in Grenzen zu haltende Anschaffungspreise andererseits die Verfahrenskosten je Produkteneinheit gesenkt werden. Als positives Beispiel ist der Mähdrescher E 512 zu nennen.

Vergleich der Verfahrenskosten zwischen alter und neuer Technik beim Mähdrusch (Schulze)

	Anschaffungspreis/St. TM	Lebensleistg./St. ha	Maschinenkosten/ha M	Kosten d. leb. Arbeit/ha M	Verfahrenskosten/ha M
Alte Technik					
E 175/3	30,7	900	80,–	24,–	104,–
Neue Technik					
E 512	70,5	2000	74,–	11,–	95,–

Der Vergleich der Verfahrenskosten zwischen alter und neuer Technik zeigt deutlich eine Kostensenkung beim Einsatz des E 512. Der ökonomische Nutzen dieser Maschine ist aber noch viel weitreichender. Gegenüber der alten Erntetechnik werden die Getreideverluste um 0,8 bis 1,2 dt/ha gesenkt. Die Schlagkraft dieser Maschine erhöht sich bedeutend, so daß die Getreidefelder für die nachfolgende Bodenbearbeitung und Zwischenfruchtbestellung schnell geräumt werden können.

Die höchste Fondseffektivität bei ständig wachsender Fondsausstattung im Produktionsprozeß wird jedoch erst bei maximaler Auslastung des gesamten Maschinensystems erreicht. Der Weg dazu führt über den Komplexeinsatz auf kooperativer Basis. LEISTNER und WÜNSCHE haben die Kampagneleistung der 1968 eingesetzten 32 Fünferkomplexe E 512 untersucht und errechneten einen Mittelwert von 2606 ha je Komplex, d. h. eine Leistung von 521 ha je Mähdrescher. Diese außergewöhnlich hohe Leistung war deshalb möglich, weil fast alle Erntekomplexe mehrschichtig mittels Netzplantechnik arbeiteten und auch teilweise in mehreren Getreidereifezonen eingesetzt wurden.
Wird der Einsatz des E 512 in Kooperationsgemeinschaften rationell organisiert, dann wird auch im Bereich einer bzw. mehrerer benachbarter KOG eine durchschnittliche Kampagneleistung von 350 ha je Mähdrescher erreicht.
Ein ebenso großer Wandel wie in der Getreideernte vollzieht sich in den kommenden Jahren auch in der Futterernte.
Das künftige Bild der Futterernte wird in wenigen Jahren von selbstfahrenden Schwadmähern und Häckslern sowie von großen Transporteinheiten geprägt sein. Das bereits in diesem Jahr auf der „agra" ausgestellte Maschinensystem erhöht den Nutzeffekt der lebendigen Arbeit um ein Mehrfaches und hat weitreichende Auswirkungen auf den gesamten Futterbau und auf den Einsatz des Futters. Aber auch hier gilt es, den Mechanisierungsaufwand und die Verfahrenskosten dieser neuen Erntetechnik über den kooperativ organisierten Maschineneinsatz so niedrig wie möglich zu halten.
Die vom Institut Paulinenaue durchgeführten technologisch-ökonomischen Untersuchungen haben ergeben, daß die Verfahrenskosten am günstigsten liegen, wenn drei bis vier Schwadmäher und ebensoviel selbstfahrende Häcksler im Komplex eingesetzt sind und die Leistung je Aggregat mindestens 400 bis 600 Schnitthektar in der Kampagne beträgt.

Vergleich der Verfahrenskosten zwischen alter und neuer Technik bei der Welksilierung (NISCHWITZ)

	Alte Technik	Neue Technik
Komplexgröße	vier E 066-1	drei E 280
Erforderliche Erntefläche	400 ... 500 ha	1200 ... 1800 ha
Verfahrenskosten je ha	209,– M	185,– M

Kostenrelationen Komplexeinsatz gegenüber dezentralisiertem Einsatz
100 : 112 – 120

Ein Vergleich der Verfahrenskosten bei der Welksilierung zwischen alter und neuer Technik zeigt, daß es möglich ist, bei hoher Auslastung die Kosten zu senken. Auf der Ebene eines Betriebes ist die maximale Auslastung derartiger Maschinenkomplexe nicht möglich, sie setzt die kooperativ organisierte Futterernte geradezu voraus. Analog der Mähdruschtechnik führt die neue Futtererntetechnik zu tiefgreifenden Veränderungen in der gesamten Konservatfutterbereitung und somit auch in der Fütterung der Rinder. Die mit hohem Risiko behaftete teure Heuwerbung wird von der verlustarmen und dadurch kostengünstigeren Welksilierung stark zurückgedrängt. Die Winterfutterbereitung wird billiger und mehr und mehr stabilisiert. Die Senkung der finanziellen und materiellen Aufwendungen je Produkteneinheit ist im Perspektivplanzeitraum eine vorrangige Aufgabe für alle LPG und VEG und ist, ausgehend von den Beschlüssen des 7. Parteitages und des 10. Deutschen Bauernkongresses, nur über die kooperative Zusammenarbeit lösbar.

Die effektive Gestaltung der Kooperationsbeziehungen erfordert erstens eine klare wissenschaftliche Herausarbeitung aller ökonomischen Vorteile der kooperativen Zusammenarbeit, um beweisen zu können, daß durch Kooperation die Produktionsgrundlagen effektiver zu nutzen sind, die Akkumulationskraft der Betriebe verstärkt wird, der Nutzeffekt der genossenschaftlichen Arbeit sich erhöht, die Arbeits- und Lebensbedingungen der Genossenschaftsmitglieder verbessert werden und nicht zuletzt die Kosten über die Steigerung der Arbeitsproduktivität fallen und zweitens, das Verantwortungsbewußtsein der Bauern voll auf die systematische Intensivierung des genossenschaftlichen Reproduktionsprozesses zu lenken. Die Bewältigung dieser komplizierten Aufgabe ist entscheidend dafür, wie umfassend die Vorteile der sozialistischen Produktionsweise genutzt werden.

Wenn auch an zwei positiven Beispielen gezeigt werden konnte, daß die Kosten bei Einführung einer leistungsstärkeren Technik gesenkt werden können, so darf nicht übersehen werden, daß die Grundfondseffektivität nicht befriedigen kann und bei einigen Produktions- bzw. Arbeitsverfahren sogar rückläufig ist. Die maximale Auslastung möglichst aller Mechanisierungsmittel ist zwar der entscheidende Faktor zur Erlangung einer hohen Effektivität. Sie allein reicht aber nicht aus.

Relationen zwischen Anstieg der technischen Parameter und Preisen

Traktoren		24 PS	50 PS	90 PS
	Anstieg mot. PS	100	208	375
	Preisanstieg	100	145	238
Hänger		3t	5 t	8 t
	Anstieg der Nutzlast	100	167	267
	Preisanstieg	100	154	326
Pflüge		0,70 m AB	1,75 m AB	2,80 m AB
	Anstieg der Arbeitsbreite (AB)	100	250	400
	Preisanstieg	100	507	1570

Von seiten der produktionsmittelherstellenden Industrie ist zu sichern, daß bei Neuentwicklung die Leistungsparameter der Produktionsinstrumente relativ höher steigen als ihre Preise. Die Grundfondseffektivität könnte wesentlich verbessert werden, wenn die Relation Leistungsanstieg zu Preisanstieg 100 zu 75 beträgt und der Reparaturfaktor, der derzeit im Durchschnitt aller Maschinen über 2 liegt, auf 1 bis 1,5 gesenkt würde.
An drei in der Tabelle dargestellten Beispielen wird gezeigt, daß der Preisanstieg meist höher liegt als der Anstieg der technischen Parameter. Somit dürfte es auch bei maximaler Auslastung dieser Aggregate schwer fallen, die gleiche Grundfondseffektivität wie mit der alten Technik zu erreichen.
Ganz allgemein können wir feststellen, daß sich die Entwicklung neuer Maschinensysteme, insbesondere die Entwicklung der schweren Technik, rascher vollzogen hat als die Konzentration und Spezialisierung der Pflanzenproduktion. Aus den vielen sich daraus ergebenden Konsequenzen sei hier nur auf die Notwendigkeit der Flurneuordnung hingewiesen. Die Schaffung großer Schläge ist hierbei eine vordringlich zu lösende Aufgabe, da sonst die in der Pflanzenproduktion eingesetzten Maschinen nicht voll wirksam werden. Die technischen und ökonomischen Parameter dieser leistungsstarken Aggregate sind auf kleinen Schlägen nicht erreichbar, dies hat zur Folge, daß die Kosten sprunghaft ansteigen.
Die in der Pflanzenproduktion eingeleitete Systemmechanisierung bzw. Systemteilautomatisierung führt zwangsläufig zu einer hohen Grundfondsintensität. Dieser Entwicklungsprozeß entspricht folgerichtig den Gesetzmäßigkeiten einer industriemäßigen Produktion und muß zu einer hohen Effektivität aller Fonds führen.
Im Perspektivplanzeitraum werden vorrangig Teilsysteme neu gestaltet, z. B. die Pflege, Konservierung und Lagerung der Betarüben, die Sortierung und Aufbereitung der Kartoffeln, die Rauh- und Saftfuttergewinnung und dgl. mehr. Diese neuen Teilsystemlösungen werden wesentlich dazu beitragen, die Effektivität des Gesamtsystems zu erhöhen.

3. Bauten

Ein immer höherer Einsatz von Mechanisierungs- und Umlaufmitteln, das Bestreben, die Verluste zu senken und eine bessere Lagerhaltung durchzuführen, zwingen in der Pflanzenproduktion und damit auch in der Futterproduktion zu Investitionen für Werkstätten, Unterstellhallen, agro-chemische Zentren, Kartoffellagerhäuser, Silobauten, Trockenwerke usw. Hohe Bauinvestitionen, nicht ausgereifte Projekte und oftmals zu simpel angestellte Nutzensberechnungen haben in vielen LPG und VEG dazu geführt, daß in der Pflanzenproduktion trotz steigender Aufwendungen kein Intensivierungserfolg zu verzeichnen war. Will man der gesellschaftlichen Entwicklung gerecht werden, so sind die Bauten für die Pflanzenproduktion in den LPG und

VEG, von ganz geringen Ausnahmen abgesehen, nur noch auf der Ebene einer oder sogar mehrerer Kooperationsgemeinschaften zu errichten. Am Beispiel des Baues von Trockenwerken kann stellvertretend für fast alle Bauten der Pflanzenproduktion nachgewiesen werden, daß entsprechend dem ökonomischen Gesetz der Konzentration der Produktion die Trocknungskosten mit zunehmender Kapazität fallen. Zugleich steigen aber die Investitionen so hoch, daß die Akkumulationskraft eines Betriebes, besonders unter dem Prinzip der Eigenerwirtschaftung der Mittel für die erweiterte Reproduktion, nicht mehr ausreicht.

Abnahme der Trocknungskosten bei Erhöhung der Durchsatzleistung je Trockenwerk (BENNEWITZ)

Typenbezeichung des Trockners	Frischgutdurchsatz t/h	Trocknungskosten M/t Frischgut	Investitionen je Anlage Mill. M
AWM 0,4	2,2	41,–	0,5
UT 66-2	5,2	31,–	3,0
UT 67-2	11,0	27,–	4,5

Es kommt hinzu, daß derartige Anlagen mindestens 4000 Stunden im Jahr auszulasten sind, da sonst die angegebenen Trocknungskosten nicht eingehalten werden können. Die Frischgutbereitstellung erfordert eine so große Anbaufläche, daß sie von einem Betrieb nicht zur Verfügung gestellt werden kann. Außerdem ist der Produktionsausstoß so groß, daß damit der Trockengutbedarf mehrerer Betriebe zu decken ist.

Anbaufläche und mit Trockengut zu versorgende GV je Trockenwerk

Typenbezeichnung des Trockners	Benötigte Anbaufläche ha	Mit Trockengut zu versorgende GV
AWM 0,4	200 ... 300	2500
UT 66-2	600 ... 1000	7000
UT 67-2	1200 ... 2000	15000

Gleiches gilt auch für die übrigen Bauten der Pflanzenproduktion. Wird z. B. das neue Hochsilo HS 25 nicht einzeln, sondern in einer Batterie von 4 Stück errichtet, so fällt der Investitionsbedarf durch die bessere Ausnutzung der Beschickungs- und Entnahmetechnik um 10 % und gegenüber dem HS 09 sogar um 15 %. So zeigt auch dieses Beispiel, daß die Effektivität der Grundmittel durch Konzentration der Produktion und kooperative Nutzung wesentlich erhöht werden kann.

Die am Beispiel der Mechanisierung und der Bauten dargelegte Entwicklungstendenz der Grundfonds und ihrer Effektivität führt zu einer Reihe allgemeingültiger Schlußfolgerungen für Forschung und Praxis.
Es ist notwendig, den Produktionsprozeß auf seinen Systemcharakter hin, auf Struktur und Funktion der Systeme pflanzlicher Erzeugnisse zu durchdringen und die Auswirkungen, die sich durch die Entwicklung bestimmter Teilsysteme ergeben, wie z. B. der Erntetechnik, gründlich zu analysieren. So hat z. B. die neue Technik in der Futterernte weitreichende Auswirkungen auf die Teilsysteme Anbau, Konservierung und Fütterung.

4. Umlaufmittel

Wenn auch – ausgehend vom Bewegungsgesetz des Sozialismus – die Erhöhung der Effektivität der Grundfonds bei der weiteren Intensivierung der Pflanzenproduktion eine vordringlich zu lösende Forschungsaufgabe ist, so darf die Bedeutung der Umlaufmittelfonds im Intensivierungsprozeß nicht verkannt werden.
In Auswertung naturwissenschaftlicher Untersuchungen zur Steigerung der Pflanzenerträge, insbesondere zu Fragen des mineralischen Düngereinsatzes, der Arten- und Sortenwahl, des Pflanz- und Saatgutwechsels, des Einsatzes von Herbiziden usw., bestehen in allen LPG und VEG große Reserven, um die Ertrags- und Kostenrelationen je Produkteneinheit günstiger zu gestalten. Es sind in jüngster Zeit auch einige Arbeiten erschienen, in denen das ökonomische Optimum beim Einsatz bestimmter Umlaufmittel nachgewiesen wurde. Auch diese Arbeiten bilden erst einen bescheidenen Anfang, da meist nur Produktionsmittelaufwand und Kosten optimiert bzw. minimiert wurden, jedoch andere wichtige Parameter außer acht blieben.
Unabhängig von der Unvollständigkeit dieser Arbeiten ist festzustellen, daß die Umlaufmittelerhöhung in der Pflanzenproduktion zu langsam erfolgt. Das ist um so bedauerlicher, weil Produktionsmittel, die in der Umlaufsphäre eingesetzt werden, mindestens jährlich einmal umschlagen und außerdem den Betrieben bei höherem Einsatz von Umlaufmitteln nur geringfügige Investitionen für Lagerhaltung und Ausbringung derselben entstehen. Zwischen der Umlaufmittelerhöhung und der Grundfondserhöhung bestehen gesetzmäßige Zusammenhänge. Werden diese mißachtet, steigen – wie es die derzeitige Entwicklung zeigt – die Grundfonds höher als die Fonds der Umlaufmittel, so besteht die Gefahr, daß die hohen Grundfonds nicht voll wirksam werden.
Die gegenwärtig zu geringe Ausschöpfung des Ertragspotentials, namentlich bei jenen Pflanzen, die im vegetativen Stadium geerntet werden, ließe sich allein durch höhere Gaben von Stickstoff, einem der effektivsten Umlaufmittel, wesentlich verbessern.
Für die Weiden der DDR haben Paulinenauer Mitarbeiter aus den Ergebnis-

sen der N-Steigerungsversuche die optimale N-Düngung mit Hilfe der Produktionsfunktion errechnet. Danach wird auf 70 % aller Mähweiden eine gute bzw. sehr gute Erzeugungsleistung durch Stickstoffdünger erreicht.

Ökonomisch optimale N-Gaben
auf den Mähweiden (THIMM)

Erzeugungsleistung	kg N/ha	Anteil der Mähweiden %
sehr gut	300	25
gut	225	45
mittel	125	25
gering	50	5

Bezogen auf alle Weiden der DDR liegt die ökonomisch optimale N-Gabe zwischen 190 und 210 kg/ha, daraus resultiert allein für unsere Weiden ein Gesamtbedarf von 135 bis 147 kt Reinstickstoff.
Um noch deutlicher den ökonomischen Nutzen dieses Produktionsmittels darzulegen, sei ein Versuchsergebnis genannt, aus dem zu entnehmen ist, wieviel kg Milch bzw. kg Lebendmassezuwachs von einem kg N bei einer Gesamtgabe von 200 kg N/ha produziert werden konnten.
Die Darstellung zeigt, daß je kg N ein Produktionswert von etwa einem kg Lebendmassezuwachs bzw. 10,6 kg Milch erreicht wurde.

Produktionswert je kg Stickstoff bei einer Gabe
von 200 kg/ha

	Produktion je ha	Produktionswert je kg N
ohne N	403 kg Lebendmassezuwachs	–
200 kg N/ha	609 kg Lebendmassezuwachs	1,03 kg LM
ohne N	2349 kg Milch	–
200 kg N/ha	4419 kg Milch	10,60 kg Milch

Bei erhöhtem Einsatz mehrerer Umlaufmittel auf der gleichen Fläche ist es notwendig, die Kombinationswirkung ökonomisch zu erfassen. Andernfalls verfällt man in den Fehler der Addition einzelner Wirkungselemente. Derartige Ermittlungen sind aber oft recht kompliziert. Dafür ein Beispiel: Auf den Weideertrag übt nicht nur die N-Düngung einen großen Einfluß aus, sondern auch die Bestandszusammensetzung. Daher empfehlen wir seit Jahren für viele Grünlandstandorte die periodische Grünlanderneuerung. Der Erfolg dieser Intensivierungsmaßnahme soll über den Trockenmasseertrag und über den Lebendmassezuwachs nachgewiesen werden. Die Darstellung zeigt ein Versuchsergebnis, das sowohl den N-Düngungs- als auch den Etablierungseffekt nachweist.

Kombinationswirkung von N-Düngung und Neuansaat

		Trockenmasse dt/ha	Lebendmassezuwachs kg/ha	Produktionswert je kg N kg LM
Alte Narbe	ohne N	57,9	403	–
Alte Narbe	200 kg N	75,6	609	1,03
Neue Narbe	200 kg N	82,4	710	(1,53)

Auf der alten Narbe betrug der Produktionswert je kg N bei einer Gesamtgabe von 200 kg/ha rund ein kg LM-Zuwachs. Auf der durch Umbruch und Ansaat erneuerten und gleich stark gedüngten Weide wurden durch die Grünlanderneuerung über 100 kg LM-Zuwachs je ha und Jahr mehr produziert. Mit derartig angelegten Großversuchen ist es uns möglich, die Intensität der einzelnen Faktoren zu messen.

Wenn hier auf die Wiedergabe der Aufwand-Kosten-Relation aus Zeitgründen verzichtet werden muß, so zeigen diese wenigen Beispiele, stellvertretend für alle direkt auf die Stoffproduktion wirkenden Umlaufmittel, daß eine höhere Umlaufmittelintensität zu einem hohen Effektivitätszuwachs der gesamten Pflanzenproduktion führt.

Analog zur Aussage zu den Grundmitteln läßt sich ein ähnlicher Forschungskomplex auch für die Umlaufmittel ableiten. Der Einsatz der einzelnen Umlaufmittel muß insbesondere in seiner Auswirkung innerhalb des jeweiligen Produktionssystems noch besser quantifiziert werden, seine Kombinationswirkungen mit anderen Intensitätsfaktoren sind zu untersuchen und in das Gesamtsystem so einzuordnen, daß die höchste Effektivität erreicht wird.

Ich habe versucht, an einigen Beispielen aus dem Bereich der Pflanzenproduktion die Bedeutung einer hohen Fondseffektivität im Intensivierungsprozeß darzulegen und zugleich auf einige wichtige Forschungsaufgaben im Perspektivplanzeitraum hinzuweisen.

Der Kampf um hohe Effektivität der landwirtschaftlichen Produktion ist, wie GÜNTER MITTAG auf dem 13. Plenum hervorhob, in erster Linie ein Kampf um hohe Erträge und um rationellste Nutzung aller materiellen und finanziellen Fonds. Diese Effektivität darf aber nicht einseitig vom Standpunkt einer LPG oder eines VEG betrachtet werden, sondern muß im Ergebnis eine bessere Versorgung der Bevölkerung mit Nahrungsmitteln zur Folge haben. Alle in diesem Zusammenhang zu lösenden Probleme sind von großer politischer Bedeutung in der entscheidenden Frage „Wer–Wen"!

Zusammenfassung

In der Pflanzenproduktion ist ausgehend von den volks- und betriebswirtschaftlichen Erfordernissen das Produktions- und Effektivitätsniveau mittels wirksamer Intensivierungsmaßnahmen schnell und nachhaltig zu erhöhen. Die fortschreitende Entwicklung von Mechanisierungs- und Automatisierungsmitteln, auf der Basis neuer, für eine industriemäßig zu betreibende Produktion unerläßlich notwendiger Prinzip- und Systemlösungen, führt zu ständig wachsender Fondsausstattung im Produktionsprozeß. Das Kernproblem liegt im Erreichen einer hohen Fondseffektivität in allen LPG und VEG. Zur Lösung dieses Problems ist es notwendig, alle ökonomischen Vorteile der kooperativen Zusammenarbeit wissenschaftlich zu untersuchen und praktische Lösungswege aufzuzeigen. Am Beispiel des komplexen und kooperativ organisierten Einsatzes der neuen Erntetechnik für Mähdruschfrüchte und Futterpflanzen wird nachgewiesen, daß neue Teilsystemlösungen zu einer hohen Effektivität des Gesamtsystems führen können. Ferner wird dargelegt, daß die Bauten der Pflanzenproduktion nur noch auf der Ebene einer bzw. mehrerer Kooperationsgemeinschaften zu errichten sind, um auch in diesem ständig größer werdenden Grundmittelbereich eine hohe Fondseffektivität zu erreichen. Abschließend wird an Beispielen der Düngung und der Grünlanderneuerung nachgewiesen, daß die Grundfonds in der Pflanzenproduktion besser genutzt werden können, wenn sich die Fonds der Umlaufmittel erhöhen.

Резюме

Название работы: Более высокая эффективность интенсификации за счет кооперирования

В растениеводстве необходимо, исходя из народнохозяйственных и внутрихозяйственных требований, быстро и устойчиво повысить уровень производства и эффективности с помощью действенных мер по интенсификации. Успешное развитие средств механизации и автоматизации на основе новых, обязательно необходимых для промышленных способов производства, принципиальных и системных решений, приводит к постоянно растущему оснащению процесса производства фондами. Сущность проблемы заключается в достижении высокой эффективности фондов во всех СХПК и народных имениях. Для решения этой проблемы необходимо научно изучить все экономические преимущества кооперативного сотрудничества и показать практические пути решения этой проблемы. На примере комплексного и кооперативно организованного использования новой уборочной техники для культур, убираемых зерновыми комбайнами и для кормовых культур доказывается, что новые решения частей системы могут привести к высокой эффективности всей системы. Далее показывается, что теперь постройки для растениеводства могут осуществляться только одним или несколькими кооперативными объединениями, чтобы и по этой постоянно увеличивающейся статье основных фондов добиться высокой эффективности фондов. В заключение на примере применения удобрений и обновления лугов и пастбищ доказывается, что основные фонды в растениеводстве использовать лучше, если увеличиваются фонды оборотных средств.

Summary

Title of the paper: Higher efficiency by intensifying plant production through inter-farm co-operation

Starting from the national economic and farm management requirements the level of output and efficiency in plant production has to be rapidly and vigorously raised by means of effective intensification measures. The progressive development of mechanization and automation means based on principle and system solutions indispensable to the production run along industrial lines, results in a continuously growing provision of the production process with funds. The essential problem lies in reaching a high efficiency of funds in all co-operative and State-owned farms. In order to solve this problem, all economic advantages of inter-farm co-operation must be scientifically studied and practical solutions suggested. The example of the complex and co-operative use of the new machinery for harvesting „combine" crops (cereals, oil-seeds, pulses etc.) and forage crops is to demonstrate that new technological solutions of part systems may result in a high efficiency of the overall system. Furthermore, it is stated that buildings for plant production should be erected at the level of one or several associations of co-operating farms in order to attain a high effectiveness of funds as well in this constantly growing sector with absorption of basic funds. Finally, the examples of fertilization and grassland renewal are used to show that basic funds in plant production can be used better if the amount of the circulating means goes up.

Anschrift des Verfassers:

Prof. Dr. habil. FRITZ BERG
Institut für Grünland- und Moorforschung Paulinenaue
der Deutschen Akademie
der Landwirtschaftswissenschaften zu Berlin
1551 Paulinenaue

Klaus Kolbitz

Über einige Aspekte zur Durchsetzung der sozialistischen Intensivierung der Tierproduktion

Die erfolgreiche Entwicklung der Tierproduktion in der DDR ist ein eindeutiger Beweis und Ausdruck der richtigen Durchsetzung der sozialistischen Intensivierung als Kernfrage der marxistisch-leninistischen Reproduktionstheorie.
Im Entwicklungstempo der Tierproduktion und in der tierischen Produktion je ha LN zählt die DDR zu den führenden Ländern in der Welt. Dieser Stand und die in der zurückliegenden Zeit gesammelten reichen Erfahrungen sowie die allgemeine Entwicklung der Produktivkräfte und Produktionsverhältnisse in der DDR sind eine außerordentlich gute Basis für die weitere Intensivierung der Tierproduktion.
In den durchschnittlichen Leistungen je Tier gehören wir aber noch nicht zu den führenden Ländern. Das trifft ebenfalls zu für den Futterverbrauch je Erzeugniseinheit. Wenn auch andere Länder hierfür teilweise weit günstigere Bedingungen haben, so können wir uns dennoch mit den bisher erreichten Leistungen je Tier und dem zu hohen Futteraufwand nicht zufriedengeben. Die Prognose der Tierproduktion weist auf die großen Möglichkeiten zur Leistungssteigerung je Tier und die Aufwandsverminderung durch Anwendung bekannter und noch zu erforschender wissenschaftlicher Erkenntnisse hin. Durch die weitere Anwendung von wissenschaftlichen Erkenntnissen kann hier eine den objektiven Erfordernissen entsprechende Steigerung der Produktion und Erhöhung der Effektivität erreicht werden. Mit dieser kurzen Einschätzung ist auch zugleich die Hauptrichtung für die Intensivierung in der Tierproduktion für den kommenden Zeitabschnitt angegeben. Sie ist auf die Steigerung der Leistungen je Tier und die Senkung des Futteraufwandes je Erzeugniseinheit bei Erhöhung der Gesamtproduktion orientiert.
Die Leistungssteigerung beinhaltet die quantitativen und qualitativen Elemente, wobei sich eine zunehmende Bedeutung für die qualitativen Seiten, z. B. Milchinhaltsstoffe und Fleischqualität, abzeichnet. Die Futteraufwandssenkung umfaßt die direkten und indirekten Maßnahmen, d. h. vom Einsatz vollwertiger Rationen bis hin zu den züchterischen Fragen und Aufgaben zur Senkung der Konservierungsverluste.
Hieraus leiten sich auch die konkreten Aufgaben für die Leitung und Organisation des Intensivierungsprozesses, insbesondere im Perspektivplanzeitraum für Forschung, Lehre und Produktion, ab. Die Durchsetzung der ge-

nannten Hauptrichtung des Intensivierungsprozesses der Tierproduktion erfordert ein gutes dynamisches Zusammenwirken aller Disziplinen in der Forschung. Dazu gehören das rechtzeitige Einstellen der Lehre auf neue Erkenntnisse und die schnelle komplexe Anwendung der wissenschaftlichen Erkenntnisse in der Produktion sowie die Herstellung produktiver Wechselbeziehungen zwischen Forschung, Lehre und Produktion.
Die Intensivierung ist ein Prozeß von sich gegenseitig bedingenden Faktoren, Elementen und Systemen. Es können hier nur einige Aspekte bzw. Erfordernisse des Intensivierungsprozesses in der Tierproduktion, insbesondere für die Forschung, erörtert werden.
Die Forderung nach der durchgängigen Wissenschaftsorganisation verlangt, daß mit der Planung der Forschungsaufgaben zugleich die praktische Realisierung der zu erwartenden neuen wissenschaftlichen Erkenntnisse konzipiert und organisiert wird. Ausgehend von den volkswirtschaftlichen Möglichkeiten und Erfordernissen wird bei der Realisierung dieser Forderung ersichtlich, daß auf dem Gebiet der Tierproduktion in der Mehrheit der landwirtschaftlichen Betriebe die Intensivierungsmaßnahmen den Vorrang haben, die keine oder nur geringe Investitionen erfordern. Im Interesse der gesamten Volkswirtschaft werden die vorhandenen Mittel schwerpunktmäßig für strukturbestimmende Vorhaben eingesetzt. Die Mittel, die der Landwirtschaft zur Verfügung stehen, sind noch konzentrierter als bisher einzusetzen. Den Vorrang wird dabei weiterhin der Komplex der Bodenfruchtbarkeit haben müssen.
Neue industriemäßige Anlagen in der Tierproduktion erfordern einen zunehmenden Investitionsumfang je Anlage. Es werden deshalb nur sehr wenige Standorte bzw. Betriebe hierfür ausgewählt werden können. Für die Mehrheit der Betriebe sind folglich die Intensivierungsmaßnahmen von Bedeutung, die hauptsächlich das geistig-schöpferische Vermögen beanspruchen. Hierzu gehören z. B. solche Aufgaben bzw. Maßnahmenkomplexe wie Züchtung, Planung, Leitung, Organisation und Bildung. Die Entwicklung der Kooperationsbeziehungen bildet gewissermaßen die Grundlage für die Durchführung dieser Aufgaben. Über die Kooperation lassen sich viele der genannten Intensivierungsmaßnahmen in der Tierproduktion, z. B. die Reproduktion und Sanierung der Herden, besser lösen.
Die wissenschaftlichen Erkenntnisse auf dem Gebiet der Züchtung haben bei ihrer Durchsetzung in der Produktion keine oder nur verhältnismäßig geringe Investitionen zur Voraussetzung. Deshalb ist die Forschungsaufgabe, ein Optimierungsmodell für die Selektion von Kühen in großen Produktionseinheiten zur Erreichung hoher Leistungen und niedriger Kosten als Teil des gesamten Züchtungssystems zu erarbeiten, von großer Bedeutung. Mit diesem Optimierungsmodell erhalten die landwirtschaftlichen Betriebe ein Instrument, mit dem sie auf wissenschaftlicher Grundlage, differenziert nach den konkreten Bedingungen, Entscheidungen treffen können, die schneller und sicherer die Produktion und Effektivität in der Herde erhöhen. Die

Durchführung dieser Aufgabe im Betrieb stellt vor allem höhere Anforderungen an Bildung, Leitung, Planung und Organisation.
Von hohem Wert für die Fortsetzung des Intensivierungsprozesses in der Tierproduktion ist auch in dieser Hinsicht die Anwendung des Rostocker Futterbewertungssystems. Diese wissenschaftlichen Erkenntnisse können vor allem über die EDV in jeder LPG und in jedem VEG, in industriellen Tierproduktionsanlagen, in der Mischfutterindustrie sowie bei der Gestaltung der Futterwirtschaft von der größten bis zur kleinsten Planungseinheit genutzt werden. Mit Hilfe dieser neuen wissenschaftlichen Erkenntnisse kann und wird die gesamte Planung der Futterwirtschaft und der Einsatz der Futtermittel wissenschaftlich durchdrungen und im Ergebnis der Futteraufwand je Erzeugniseinheit erheblich gesenkt, ohne dabei Investitionen in Anspruch zu nehmen. Diese Beispiele mögen als prinzipieller Hinweis für die Planung der Forschungsaufgaben und Intensivierungsmaßnahmen in der Tierproduktion zunächst genügen.
Sofort nach der Darlegung dieses Gedankens wird der Einwand auftauchen, wie es sich dann mit den Forschungsaufgaben, vor allem den technologischen, für die Systemautomatisierung in der Tierproduktion verhält? Forschungsarbeiten, insbesondere auf technologischem Gebiet, sind für die Systemautomatisierung in der Tierproduktion dringend notwendig, da über die Systemautomatisierung eine qualitativ höhere Stufe der Effektivität zu erreichen ist. Die prognostischen Einschätzungen sagen eindeutig aus und die Entwicklungstendenzen bestätigen es, daß die künftige Tierproduktion eine automatisierte Produktion sein wird und diese Entwicklung immer mehr den Hauptinhalt des Intensivierungsprozesses bestimmt. Für die Agrarforschung, die zur bewußten, planmäßigen Durchsetzung dieses Prozesses die wissenschaftlichen Grundlagen zu erarbeiten hat, erfordert das ebenfalls eine neue Qualitätsstufe, den Übergang zur wissenschaftlichen Neuplazierung.
Wenn unter den derzeitigen Bedingungen die Betonung im Intensivierungsprozeß auf Rationalisierungsmaßnahmen liegt, so hat das aber keineswegs zur Folge, daß das Tempo der Forschung für die Systemautomatisierung zu verringern ist. Eine automatisierte Tierproduktion ist ohne einen ausreichenden wissenschaftlichen Vorlauf nicht möglich. Um hierbei einen genügenden Intensivierungseffekt zu erreichen, müssen wissenschaftlich exakt ausgearbeitete Systeme vorliegen, die auf neuen Prinziplösungen basieren. Die Automatisierung der Tierproduktion wird aber nur dann im Sinne der sozialistischen Intensivierung eine hohe Effektivität erreichen, wenn sie vom Prinzip her, wie in der Industrie, eine Systemautomatisierung ist. Das macht notwendig, die Forschungsaufgaben schwerpunktmäßig schon heute darauf auszurichten, so z. B. auch auf den Gebieten der Züchtung und Ernährung.
Es ist weiterhin von Vorteil, wenn die Forschungsaufgaben so ausgewählt und bestimmt werden, daß sie die Systemautomatisierung zum Ziel haben und zugleich im Forschungsprozeß Erkenntnisse für die Rationalisierung der gegenwärtigen Produktion liefern und diese in der Praxis schnell nutzbar

gemacht werden. Das ist im doppelten Sinne wirksam, weil einmal damit die Forschung selbst effektiver wird, und zum anderen die Rationalisierungsmaßnahmen in der Produktion eindeutig von der Perspektive bzw. Prognose bestimmt und damit in der Gesamtheit näher an die Systemautomatisierung herangebracht werden. Den Genossenschaftsbauern und Landarbeitern wird auch so der Zusammenhang zwischen den Rationalisierungsmaßnahmen und der künftigen Systemautomatisierung verständlicher und der Wissenschaftler erhält mehr Anregungen, mehr Probleme, mehr Stoff für seine Arbeit. Das setzt natürlich voraus, daß dem Genossenschaftsbauern und Landarbeiter von seiten der Forschung noch besser als bisher erklärt wird, was er künftig von der Wissenschaft und Technik zu erwarten hat.

Diese Beziehungen zwischen Rationalisierung und Systemautomatisierung haben nichts mit einem „Aufpfropfen" der Systemautomatisierung auf Althergebrachtes zu tun. Es geht hier lediglich darum, die Rationalisierungsmaßnahmen ebenfalls ableitend von der Prognose zu bestimmen, um damit eine noch bessere Effektivität zu erreichen.

Sicherlich kann man nicht alle Forschungsaufgaben auf diese Weise bestimmen und einrangieren, daß dieser Weg aber so realisierbar ist, sollen einige Beispiele aufzeigen.

Die Forschungsarbeiten für den Aufbau von großen Komplexen industriemäßiger Schweineproduktionsanlagen führten unter anderem zu der Erkenntnis, daß unter Ausnutzung vieler hierfür erforschter Elemente die etappenweise Errichtung von Produktionsanlagen unter sinnvoller Kombination von Alt- und Neubauten möglich und vorteilhaft ist. Das Programm für die Erzeugung von Hybridschweinen hat zum Inhalt, daß im Ergebnis den Forschungs- und Züchtungsarbeiten Populationen zur Verfügung stehen, die, je nach speziellen Anforderungen gepaart, sowohl in industriemäßigen Anlagen als auch in den herkömmlichen Ställen einen hohen Hybrideffekt, d. h. Leistungssteigerung, erreichen. Eine Verbindung dieser Art ist also möglich und vorteilhaft. Im Netzwerk der Forschung für die Systemautomatisierung sind deshalb die Ereignisse anzugeben, wann welche wissenschaftlichen Teilergebnisse für die Rationalisierung genutzt werden können.

Der Erfolg der Intensivierung hängt zunehmend von der Durchsetzung des in gesellschaftlicher Realität objektiv vorhandenen Systemcharakters ab. Durchsetzung und Beherrschung des Systemzusammenhanges in der Tierproduktion sind Ausdruck und Erfordernis des entwickelten gesellschaftlichen Systems des Sozialismus unter den Bedingungen der wissenschaftlich-technischen Revolution.

Auf dieses Erfordernis weisen uns mit aller Eindringlichkeit die Erfahrungen über die in den letzten Jahren errichteten industriemäßigen Anlagen für Tierproduktion hin. Sie vermitteln uns somit auch wertvolle neue Erkenntnisse für den Intensivierungsprozeß in seiner Gesamtheit. Überall dort, wo sie als ausreichend entwickeltes System auf der Basis neuer Prinziplösungen aufgebaut und bewirtschaftet werden, wird auch die erforderliche Effektivität erreicht. Auf Grund der fortschreitenden Arbeitsteilung sind dabei auch für die Forschung die Fragen der Wechselbeziehungen zwischen industriemäßigen Tierproduktionsanlagen und Umwelt von zunehmender Bedeutung.

Die Durchsetzung des Systemcharakters erfordert unter anderem, daß sich die Produktionsbetriebe zur Erzielung eines hohen Intensivierungserfolges rechtzeitig, schrittweise systematisch auf den Übergang zu neuen Systemlösungen in der Tierproduktion vorbereiten. Für den Aufbau von industriemäßigen Tierproduktionsanlagen lassen sich die Anforderungen wie folgt zusammenfassen:

Die Vorbereitung muß vor allem über die Erhöhung der Bodenfruchtbarkeit auf die Entwicklung der Futterproduktion gerichtet sein.

Gesunde, leistungsfähige Tierbestände sind eine unabdingbare Voraussetzung zur Erreichung einer hohen Effektivität.

Die hohen Aufwendungen erfordern eine ausreichende Akkumulation.

Alle höheren materiellen Aufwendungen können nur wirksam werden, wenn mit Vorlauf das Bildungsniveau der Kader erhöht wird.

Der effektivste Weg zur Schaffung dieser Voraussetzungen führt über die Kooperation.

Hieraus ergeben sich neue Fragen in den Wechselbeziehungen zwischen Forschung und Produktion. Die wissenschaftlichen Erkenntnisse können den landwirtschaftlichen Betrieben nicht erst am Tage des ersten Spatenstiches für die neue Anlage übergeben werden, und der für eine automatisierte Tierproduktionsanlage benötigte Programmierer muß u. a. schon vor Produktionsbeginn zur Verfügung stehen. Die neuen wissenschaftlichen Erkenntnisse sind rechtzeitig, in gewissem Sinne gleitend zu überführen. Das ist Ausdruck und Erfordernis der gesetzmäßig fortschreitenden Näherung von Wissenschaft und Produktion.

Zur Erfüllung der gesellschaftlichen Erfordernisse muß die Tierproduktionsforschung in ihrer Gesamtheit und ihrem Wesen nach als Systemforschung organisiert sein. Mit der Prognose ist bereits das Fortschrittsverhalten künftiger Systeme zu ergründen.

Der Stand und die Dynamik der Entwicklung erfordern die Gestaltung, das Streben nach offenen selbstlernenden Systemen, die voll die Möglichkeiten der sozialistischen Produktion ausnutzen und ihnen entsprechen. Ein Hauptproblem mit zunehmender Bedeutung ist hierbei der informationsverarbeitende Prozeß, weil nur hierdurch ein komplexes und kompliziertes System effektiv zu steuern bzw. zu regeln ist. Ein komplexes und kompliziertes System der Tierproduktion zu erarbeiten und zu beherrschen, ist nicht einfach; doch weit schwieriger ist es, dieses System so zu gestalten, daß es – einmal in Gang gesetzt – für längere Zeit viele neue wissenschaftliche Erkenntnisse aufnehmen kann und nicht schon nach kurzer Zeit durch neue Lösungen zerstört wird. Der Produktionsprozeß in einer industriemäßigen Tierproduktionsanlage beruht immer auf der Grundlage von bestimmten Parametern. Wenn sich aber durch das Entstehen neuer Erkenntnisse, z. B. auf den Gebieten der

Fortpflanzung oder der Fütterung, Veränderungen ergeben, so hat das enorme Auswirkungen auf das gesamte System. Können diese neuen Erkenntnisse nicht richtig in den Produktionsprozeß eingeordnet werden, so hat das die Zerstörung bzw. eine schnelle Veralterung zur Folge. Das sind Wirkungen der Dynamik der wissenschaftlich-technischen Revolution. Die Erfüllung der Erfordernisse dieser Gesetzmäßigkeiten stellt hohe Anforderungen an Forschung und Produktion.

Im System bzw. in den Systemen der Tierproduktion wird mit fortschreitendem Übergang zur industriemäßigen Produktion die wachsende Rolle des subjektiven Faktors immer offensichtlicher und damit für den Intensivierungserfolg entscheidend. Im Produktionsprozeß hat heute jeder einzelne Werktätige sehr große Werte zu betreuen bzw. einzusetzen. Die Grund- und Umlaufmittelfonds je Arbeitskraft betragen in industriemäßigen Tierproduktionsanlagen das 10- bis 20fache des Vorangegangenen. Die Arbeit wird in diesen Produktionsstätten immer komplizierter, und der Anteil der geistig-schöpferischen Arbeit wächst schnell an. Jedoch verläuft auch dieser Prozeß sehr widersprüchlich. Die weitere Arbeitsteilung führte bisher gleichfalls dazu, daß Arbeitsgebiete entstanden, die sich auf eine verhältnismäßig stark monotone routinemäßige Bewegung beschränken, wie z. B. das An- und Absetzen der Melkbecher, das Umsetzen der Tiere. All das weist darauf hin, daß in der Tierproduktionsforschung die wachsende Rolle des subjektiven Faktors, vor allem durch die Auswertung der wissenschaftlichen Erkenntnisse der entsprechenden Disziplinen, wie z. B. Soziologie, Ingenieurpsychologie, Arbeitshygiene, gebührend beachtet werden muß. Intensivierung, Systemautomatisierung und Entfaltung der sozialistischen Persönlichkeit bilden eine Einheit. Das ist auch zugleich ein wesentliches Merkmal der sozialistischen Intensivierung.

Auch in der Tierproduktion reichen die gegenwärtigen Bewertungskriterien für den Intensivierungsprozeß nicht aus. Das beginnt schon bei sehr einfachen Parametern, die fast täglich Verwendung finden, wie z. B. bei dem Stundenaufwand je Einheit. Angaben hierüber sind kaum vergleichbar und deshalb sehr fraglich, weil es keinen Standard für die einheitliche Berechnung gibt. Viel bedeutungsvoller ist aber die Ausarbeitung neuer Bewertungskriterien für die Automatisierungsvorhaben. Hier stimmen die Erfahrungen aus den industriemäßigen Anlagen der Tierproduktion mit den Erkenntnissen aus den Automatisierungsobjekten der Industrie überein, die Nick (1969) mit folgenden Worten charakterisiert:

„Die Erfahrungen lehren, daß die traditionellen, relativ einfachen Nutzeffektüberlegungen bei weitem nicht ausreichen, um der Vielfalt, Dynamik, Komplexität der Aufwendungen und Effekte der Automatisierung gerecht zu werden."

Unter Auswertung der Ergebnisse der politischen Ökonomie sind in sozialistischer Gemeinschaftsarbeit neue wissenschaftliche Grundlagen für die Effektivitätsberechnung zu erarbeiten.

Um den Gesetzmäßigkeiten der sozialistischen Intensivierung der Tierproduktion in der Forschung und Produktion besser Rechnung tragen zu können, ist es notwendig, sich mit der marxistisch-leninistischen Reproduktionstheorie gründlich vertraut zu machen. Das weitere Studium des Buches „Politische Ökonomie des Sozialismus und ihre Anwendung in der DDR" wird hierbei eine gute Grundlage sein.

Zusammenfassung

Die erfolgreiche Entwicklung der Tierproduktion in der DDR ist ein eindeutiger Beweis für die richtige Durchsetzung der sozialistischen Intensivierung als Kernfrage der marxistisch-leninistischen Reproduktionstheorie. Die Hauptrichtung der weiteren Intensivierung in der Tierproduktion ist die Steigerung der Leistungen je Tier und die Senkung des Futteraufwandes je Erzeugniseinheit bei Erhöhung der Gesamtproduktion. Hieraus leiten sich die konkreten Aufgaben für Forschung, Bildung und Produktion ab.
In der Mehrheit der landwirtschaftlichen Betriebe sind in der Tierproduktion Intensivierungsmaßnahmen durchzuführen, die hohe Anforderungen an die geistig-schöpferischen Potenzen stellen und keine bzw. nur geringe materielle Investitionen zur Folge haben. Es ist vorteilhaft, wenn die Forschungsaufgaben so ausgewählt werden können, daß sie die Systemautomatisierung in der Tierproduktion zum Ziel haben und zugleich im Forschungsprozeß Erkenntnisse für die komplexe Rationalisierung der gegenwärtigen Produktionsprozesse liefern. Mit dem schrittweisen Übergang zur industriemäßigen Produktion in der Viehwirtschaft hängt der Erfolg der Intensivierung zunehmend von der Durchsetzung des in gesellschaftlicher Realität objektiv vorhandenen Systemcharakters ab. Zunehmende Bedeutung hat hierbei der informationsverarbeitende Prozeß und die Rolle des subjektiven Faktors.

Резюме

Название работы: О некоторых аспектах проведения социалистической интенсификации животноводства в ГДР

Успешное развитие животноводства в ГДР является бесспорным доказательством правильного осуществления социалистической интенсификации, являющейся коренным вопросом марксистско-ленинской теории воспроизводства. Основным направлением дальнейшей интенсификации в животноводстве является повышение продуктивности животных и снижение затрат кормов на единицу продукции при увеличении общего производства. Из этого вытекают конкретные задачи в области исследований, подготовки кадров и производства. В большинстве сельскохозяйственных предприятий в животноводстве необходимо осуществлять меры по интенсификации, которые выдвигают высокие требования перед умственными и творческими силами и не связаны с капиталовложениями или связаны с ними лишь в незначительной мере. Выгодно, если исследовательские задачи выбираются таким образом, чтобы их целью была автоматизация систем в животноводстве и чтобы они давали выводы для комплексной рационализации, процессов производства в настоящее время. По мере постепенного перехода к промышленным способам производства в животноводстве успех интенсификации все больше зависит от осуществления системного характера, объективно имеющегося в общественной реальности. Все большее значение имеет при этом процесс переработки информации и роль субъективного фактора.

Summary

Title of the paper: Some aspects of implementing socialist intensification in GDR livestock production.

The successful development of GDR livestock production clearly evidences the correct implementation of socialist intensification being the key issue of the Marxist-Leninist theory on reproduction. The further intensification of livestock production is mainly aimed at higher animal performances and reduced feed inputs per production unit with total output being raised at the same time. From this, concrete tasks are derived for research, training, and production. In most agricultural enterprises, measures for intensifying livestock production have to be taken making exacting demands on intellectual and creative abilities and resulting in no or only small material investments. It is of advantage to choose research tasks in such a way that entire systems of livestock production can be automated. At the same time, they should be intended to provide new findings on the complex rationalization of currently used production processes. As industry-like production is being step by step introduced into livestock farming, the success of intensification will increasingly depend upon the implementation of the system character inherent to the social reality. In this connection, information-processing operations and the role of the subjective factor are gaining in importance.

Literatur

NICK, H.: Probleme komplexer sozialistischer Automatisierung. Einheit 11 (1969), Berlin
– Politische Ökonomie des Sozialismus und ihre Anwendung in der DDR. Berlin, Dietz-Verl. 1969
– Industriemäßige Tierproduktion – Ausbildung und Forschung. Wiss. Z. Karl-Marx-Univ. Leipzig, Math.-Nat. R. 19 (1970), H. 1

Anschrift des Verfassers:

Dr. KLAUS KOLBITZ
Forschungszentrum für Tierproduktion Dummerstorf-Rostock
der Deutschen Akademie
der Landwirtschaftswissenschaften zu Berlin
2551 Dummerstorf, Kr. Rostock

Hans Schlicht

Zur Struktur, Reihenfolge und Effektivität von Intensivierungsmaßnahmen im Perspektivplanzeitraum aus volkswirtschaftlicher Sicht

Nach den Darlegungen zu Grundsatzfragen der Intensivierung und zu speziellen Maßnahmen aus zweiglicher Sicht soll aus volkswirtschaftlicher Sicht zu Erfordernissen und Möglichkeiten im Perspektivplanzeitraum Stellung genommen werden.

Ich gehe davon aus, daß die Intensivierung und Vervollkommnung der sozialistischen Produktionsweise in der Landwirtschaft auf der Basis des wissenschaftlichen Höchststandes in der Leitung, in den Verfahren und Leistungen nicht nur notwendig ist, um den ständig steigenden Bedarf an hochwertigen Nahrungsmitteln und der Industrie an Rohstoffen vorwiegend aus eigenem Aufkommen zu decken, sondern daß sie ein gesamtgesellschaftlicher Prozeß der Gestaltung des Sozialismus auf dem Lande ist. Eine intensive, hochproduktive sozialistische Landwirtschaft ist ein wichtiger Beitrag zum Wachstum und zur Stabilität der gesamten Volkswirtschaft. Bei einem weiteren Rückgang der Zahl der Arbeitskräfte ist ein schnelles Anwachsen der Arbeitsproduktivität erforderlich.

Die Intensivierung liegt besonders im Interesse der Bauern, weil nur durch sie ein Wachstumstempo des Zweiges erreicht werden kann, durch den der Übergang zur industriemäßigen Produktion schrittweise gesichert wird, mit dem wissenschaftlich-technischen Fortschritt Schritt gehalten werden kann, landwirtschaftliche Arbeit vom Charakter her vergleichbar zu anderen Zweigen wird und sich die materiellen Lebensbedingungen kontinuierlich verbessern.

Es ist der Weg zur Herausbildung qualifizierter sozialistischer Persönlichkeiten. Nur so kann unsere Landwirtschaft Beispiel für die Meisterung der wissenschaftlich-technischen Revolution mit den Bauern und durch die Bauern in einem hochentwickelten sozialistischen Industriestaat sein.

Im folgenden sollen in Vorbereitung der Perspektivplanung einige Gedanken aus volkswirtschaftlicher Sicht dargelegt werden.

Neben den Maßnahmen zur Verbesserung der sozialistischen Führungstätigkeit, der Durchsetzung der sozialistischen Betriebswirtschaft und dem rationellen Einsatz der vorhandenen Produktivkräfte wird das Entwicklungstempo außer über die volkswirtschaftlich mögliche Bereitstellung von Produktionsmitteln stark beeinflußt durch die Höhe der Mittel, die für die Reproduktion selbst erwirtschaftet werden.

Allein um die von der Volkswirtschaft bereitgestellten Mittel an Grund- und

Umlauffonds finanzieren zu können, müssen wir jährlich annähernd 800 M/ha für Investitionen und 50–70 M für den Zuwachs an Umlaufmitteln bereitstellen – oder anders ausgedrückt: Aus prognostischer Sicht müßten je Arbeitskraft gegen Ende des Perspektivplanzeitraumes etwa folgende Summen jährlich zur Verfügung stehen, um den wissenschaftlich-technischen Fortschritt finanzieren zu können:

6000–7000 M für Investitionen zur Erweiterung der Grundfonds
500–800 M für Qualifizierung und Bildung
etwa 1500 M für die Verbesserung der Lebensbedingungen in den Dörfern.

In den LPG sollten etwa 8000 M je AK akkumuliert werden (ohne Abgaben an den Staatshaushalt), um mit dem Entwicklungstempo mithalten zu können. Natürlich schwanken die erforderlichen Mittel je nach den Produktionsbedingungen. Hinzu kommen die Mittel für die individuelle Konsumtion, die je AK auch anwachsen sollten, obwohl die Gesamtausgaben für die Konsumtion wegen des Rückganges der Arbeitskräfte nicht steigen. Wir rechnen damit, daß im Schnitt der DDR das Nettoprodukt je AK um über 30 % bis 1975 ansteigen kann.

Diese Mittel sind nur über eine intensive Produktion bei möglichst ganzjähriger Auslastung der Arbeitskräfte, d. h. hohem Bruttoprodukt je AK, zu erreichen. Ein Produktionsanstieg von über 10 % jährlich könnte ausreichend Mittel für den schrittweisen Übergang zur industriemäßigen Produktion in den Hauptzweigen in 10–12 Jahren bereitstellen.

Die Struktur und die Höhe der Intensivierungsmaßnahmen muß die Finanzierung des schnellen Umschlages des wissenschaftlich-technischen Fortschritts durch eine kurze Rückflußdauer der eingesetzten Mittel sichern (möglichst unter 10 Jahre, da bis dahin der ständig steigende Ausrüstungsanteil von 20 auf 40 % der Grundfonds zu über 50 % physisch und moralisch verschlissen ist und erweitert ersetzt werden muß und außerdem völlig neue Bereiche, insbesondere der Veredelung und Aufbereitung erschlossen werden müssen).

Intensivierungsmaßnahmen müssen kurzfristig, möglichst bereits im Anlagejahr wirksam werden.

Neben dem entscheidenden Kriterium, eine Höchstmenge hochwertiger Nahrungsmittel und Rohstoffe je Flächeneinheit zu erzeugen, sollten sie gleichzeitig im Betrieb mit möglichst niedrigen Kosten je Produkteneinheit hergestellt werden. Wesentlich ist dabei nicht so sehr eine günstige Aufwands-Kostenrelation in der Primärproduktion, sondern die Realisierung einer möglichst hohen Gewinnsumme je Flächeneinheit für die Akkumulation durch den Anbau ertragreicher Kulturen und ihre Veredelung. Es ist zweckmäßig, vorrangig über die Erhöhung der Fruchtbarkeit des Bodens ständig steigende und stabile Hackfruchterträge zu sichern und den Anbau dieser Kulturen auszudehnen.

So ermöglicht z. B. die Anbauausdehnung der Zuckerrübenfläche für Futterzwecke über die Veredelung die 3–4fache Gewinnsumme je Flächeneinheit gegenüber Getreide. Über diesen Struktureffekt wird nicht nur die Akkumulationskraft wesentlich erhöht, sondern es kann auch die höchste Zuwachsprämie erzielt werden.

In einer bestimmten Anzahl von LPG und VEG mit einer hohen Anzahl von Mitgliedern, die aus Altersgründen planmäßig aus dem Arbeitsprozeß ausscheiden, müssen Investitionsmittel zur Rationalisierung eingesetzt werden, um die erweiterte Reproduktion zu sichern. Begrenzt vorhandene Mittel sind deshalb dort bevorzugt mit in solchen Bereichen einzusetzen, in denen mit möglichst wenig Investitionen durch vergegenständlichte Arbeit eine Arbeitskraft ersetzt werden kann. So betragen sie für die Mechanisierung der Zuckerrübenproduktion 25–30 TM, für Kartoffeln 35–40 TM, für Getreide 40–50 TM, für die Rationalisierung vorhandener Gebäude und Anlagen 30–60 TM, für den Neubau jedoch oft über 100 TM.

Auch deshalb verdienen im Perspektivplanzeitraum Rationalisierungsmaßnahmen in der Masse der LPG und VEG über die Kooperation besondere Beachtung.

Investitionen sollten aus gesamtvolkswirtschaftlicher Sicht so materialsparsam wie möglich und mit einheimischen Rohstoffen realisierbar sein. Neue Grundmittel bedürfen neben den Entwicklungskosten hohen Fondsvorschuß für die Neuerrichtung von Produktionsanlagen der Industrie, wobei die Grundstoffe oft importiert werden müssen. Auch deshalb können nicht alle Vorstellungen unbegrenzt realisiert werden.

Besonders bedeutungsvoll erscheint mir in diesem Zusammenhang die Feststellung, daß wir uns, beginnend in der Forschung und Entwicklung und in der Produktion, auf die Übernahme von Prinzip- und Systemlösungen aus anderen Volkswirtschaftsbereichen orientieren müssen, um gesamtvolkswirtschaftlich große Serien kostengünstig erzeugen zu können. Wir rechnen damit, daß prognostisch, insbesondere beim Übergang zur Automatisierung, ein erheblicher Teil der Mechanisierungs- und Automatisierungsmittel, Baukonstruktionen, -elemente, Baugruppen usw. als volkswirtschaftliche Einheitssysteme bestehen und in allen Bereichen Anwendung finden. Nur durch zunehmende Unifizierung und Komplexeinsatz ist bei steigenden Leistungen des Einzelaggregates und damit geringerer Zahl der benötigten Maschinen im speziellen Bereich auf die Dauer eine ausreichende Kostenreduzierung denkbar. Darauf müssen wir bereits heute in der Forschung achten.

Wenn ich auch die Grundthese unterstütze, daß alle Intensivierungsmaßnahmen vom Standpunkt höchster Effektivität in der Gesellschaft einzusetzen sind, so können sie doch nicht unabhängig vom gesamtgesellschaftlichen Entwicklungsprozeß erfolgen. So ist es gesellschaftlich notwendig, daß ein erheblicher Teil der Bauinvestitionen in der Tierproduktion für die Lösung der Entwicklungsprobleme in LPG Typ I eingesetzt werden. Deshalb wird der Neubauanteil im Süden der DDR höher liegen müssen. Das ist auch notwendig, um in diesem Bereich keinen Produktionsrückgang zuzulassen. So müssen im Perspektivplanzeitraum in den VEG und LPG Typ III alle bestehenden Kapazitäten durch Leistungserhöhung je Tier und Rationalisierung genutzt werden. In diesem Bereich müssen Neubauten zu 75–90 % zur Bestandserweiterung, besonders für die konzentrierte Aufzucht, eingesetzt werden. In der Mast- und Milchviehhaltung müssen alle Kapazitäten auch mit geringer Konzentration weiterhin genutzt werden.

Ein wesentlicher Wachstumsfaktor ist die Bildung. Die Weiterbildung sollte sich besonders auf die Entwicklung des sozialistischen Bewußtseins, die sozialistische Betriebswirtschaft und eine auf den zukünftigen Arbeitsplatz bezogene, zielgerichtete Qualifizierung konzentrieren. Bis 1975 sind wegen der komplexen Mechanisierung der Feldwirtschaft 80–85 % der in der Pflanzenproduktion Beschäftigten an Traktoren, LKW und selbstfahrenden Erntemaschinen auszubilden (Schichtfaktor 1,6–1,8), wobei mindestens 50 % Frauen sein sollten. Besonders vordringlich ist die Ausbildung der Frauen für einen kontinuierlichen ganzjährigen Einsatz an der Technik. Der zielgerichtete Bildungsaufwand muß von gegenwärtig 10–20 Stunden in der Mehrzahl der Betriebe je AK im Jahr auf 50–60 Stunden und später auf etwa 100 Stunden ansteigen.

Man müßte auch in der Landwirtschaft das Prinzip durchsetzen, daß komplizierte Großmaschinen und Anlagen nur ausgeliefert werden, wenn die Anwender die abgeschlossene Ausbildung einer ausreichenden Anzahl von Spezialisten nachweisen können.

Schwerpunkt der Investitionstätigkeit im Perspektivplanzeitraum ist nach wie vor die Pflanzenproduktion, weil über sie der höchste Zuwachs an Effektivität gesichert werden kann. Zur effektiveren Auslastung der Grundfonds wird uns die Volkswirtschaft wesentlich mehr und bessere Umlaufmittel zur Verfügung stellen können. Wir können damit rechnen, daß ein zunehmender Anteil der akkumulierten Mittel für die Erweiterung des Umlaufmittelfonds eingesetzt werden kann.

Im Bereich der Ertragssteigerung ist vorgesehen, etwa eine gleichbleibende Investitionssumme wie in den zurückliegenden Jahren für den Meliorationsbereich auszugeben, aber die Effektivität der Meliorationen durch intensive Nachnutzung, insbesondere der bewässerten Flächen, ist wesentlich zu erhöhen. Je nach den Standortbedingungen sind für den Meliorationsbereich 20–23 % der Investitionen vorgesehen. Sie sollten möglichst kurzfristig wirksam werden und eine Rückflußdauer von unter 10–12 Jahren ermöglichen.

Eine der größten Reserven zur Steigerung der Arbeitsproduktivität und gleichzeitig zur Ertragsstabilisierung ist die komplexe Mechanisierung der Feldwirtschaft und der Abschluß des Aufbaus agrochemischer Zentren. Die neue Generation vorwiegend selbstfahrender mobiler Maschinen in der Feldwirtschaft hat trotz steigender Maschinenpreise zur Folge, daß die Verfahrenskosten je Flächeneinheit bei fast allen Maschinensystemen um 10–20 % sinken, wenn eine hohe Auslastung über den kooperativen Einsatz organisiert wird.

Zu den effektivsten Intensivierungsmaßnahmen im Perspektivplanzeitraum gehören Investitionen im Bereich der Konservierung und Lagerung. Die Verluste müssen von gegenwärtig 20–35 % in der Hackfrucht- und Futterkonservierung ganz entschieden auf 10–15 % gesenkt werden. Gleichzeitig sind etwa 15 % Futterreserven anzulegen. Untersuchungen ergaben, daß die Kosten für eine Reserve, davon 50 % Kraftfutter und 50 % Rauh- und Saftfutter einschließlich Lagerung, nur 50 % des in der Regel alle 4–5 Jahre auftretenden Ausfalls in der Tierproduktion betragen, wobei die Auswirkungen auf die Versorgung und die Ergebnisse in den Betrieben noch größer sind. Den Vorrang in der Lagerung haben Kartoffellagerhäuser, Getreidelagerhallen und insbesondere Hackfrucht- und Futtersilos. Es wird empfohlen, in diesem Bereich etwa bis zu 15 % der Investitionen einzusetzen.
In immer stärkerem Umfang gewinnt die rationelle Verwertung der erzeugten Futtermittel an Bedeutung. Die Produktion und Verwertung der Futterzuckerrüben wird zu einer wesentlichen Maßnahme, von der die Effektivität der Intensivierungsmaßnahmen beeinflußt wird. Der Einsatzbereich roher und rohsilierter Zuckerrüben und Trockenschnitzel ist auf allen Standorten ausdehnungsfähig. Voraussetzungen für die Realisierung in der Praxis sind aber

- die Entwicklung eines kompletten Aufbereitungssystems in Zuckerfabriken, Trockenwerken und von Mastanlagen mit hoher Leistung und geringem Wasserverbrauch und ihre vorrangige Aufnahme in die Produktion,
- kurzfristiger Abschluß der Untersuchungen zur Hackfruchtflüssigsilierung, Bereitstellung von Konservierungsmitteln und einer kompletten Technologie unter Ausnutzung des Chemieanlagenbaues.

Besonders bedeutungsvoll wäre die Entwicklung von Atmungshemmungsmitteln, mit deren Hilfe die Zuckerrüben verlustarm roh gelagert werden können. Hierauf sollte die Forschung gemeinsam mit der Industrie besonders konzentriert werden.
Aus den bisher gemachten Ausführungen geht schon hervor, daß für Bauten der Tierproduktion nur in begrenztem Umfang Investitionen (30–35 %) zur Verfügung stehen. Will man eine Rangfolge festlegen, so wäre außer der Kapazitätsbereitstellung für den Übergang zur genossenschaftlichen Viehhaltung folgende Reihenfolge zweckmäßig:

1. Investitionen zur Rationalisierung vorhandener Anlagen, die mindestens noch 5–20 Jahre genutzt werden. Der Rationalisierungsanteil muß besonders in den Gebieten hoch sein, in denen bereits eine weitgehende genossenschaftliche Viehhaltung vorhanden ist.
2. Investitionen zur Erweiterung der Bestände. Etwa 75–80 % der neu geschaffenen Stallplätze müssen für die Bestandserweiterung bereitstehen.
3. Sind Neubauten erforderlich, muß vorrangig der Vorlauf in der Jungviehaufzucht, Aufbau von Sauenabferkel- und Aufzuchtplätzen und von konzentrierten Jungrinderbeständen als Voraussetzung für die planmäßige Sanierung und Beschickung von Großanlagen geschaffen werden. Erst in zweiter Linie sind Milchvieh- und Mastanlagen neu aufzubauen.

4. Für die konzentrierte Rindermast und Geflügelproduktion sind im Perspektivplanzeitraum nur Komplettierungs- und Rationalisierungsmaßnahmen zweckmäßig.
5. Neu zu errichtende Kapazitäten sind unbedingt auf der Basis des Höchststandes zu projektieren und als Ausbildungseinrichtungen mit zu nutzen.

Es muß noch einmal betont werden, daß vor dem Erteilen einer Aufbaugenehmigung die volle Auslastung, eine ausreichende Qualifikation und eine weitgehende Nutzung vorhandener Anlagen nachgewiesen werden müßte. In der Tierproduktion wird deshalb beim Neubau von Anlagen die kooperative Errichtung und Nutzung solcher Objekte zweckmäßig sein, wofür langfristig und planmäßig im voraus die Mittel zu erwirtschaften sind.

Im Bereich der Forschung wird es notwendig sein – wie bereits meine Vorredner betonten –, die Aufwands-Nutzen-Relationen der einzelnen Faktoren und die Kombination ihrer Wirkung in den nächsten Jahren gründlich zu untersuchen. Wir müssen als Ökonomen und Technologen wesentlich stärker als bisher ökonomisch und gesellschaftlich begründete Normative für Intensivierungsmaßnahmen ausarbeiten, die den Betrieben Anleitung sind und die gleichzeitig Beurteilungs- und Bewertungskriterien der ökonomischen Regelungen für den Wettbewerb u. a. darstellen können. Mit Hilfe ökonomischer Systemregelungen als Entwurf, wie sie vom Ministerrat bestätigt wurden, kann der Intensivierungsprozeß zusätzlich gefördert werden. An einer wirksameren Vervollkommnung der Regelungen muß ständig gearbeitet werden.

Die ständige Intensivierung in der Landwirtschaft als gesellschaftlicher Prozeß im Perspektivplanzeitraum ist so konzipiert, daß langfristig und planmäßig die Voraussetzungen für einen schrittweisen Übergang zu industriemäßigen Produktionsmethoden gesichert werden können.

Große gemeinsame Anstrengungen – von der Forschung über eine kurzfristige Durchsetzung mit Hilfe der Wissenschaftsorganisation und über eine zielgerichtete langfristige Wirtschaftsorganisation – sind erforderlich, unter der zielgerichteten Führung der Sozialistischen Einheitspartei Deutschlands den notwendigen Beitrag zur Festigung unserer sozialistischen Gesellschaft zu sichern.

Zusammenfassung

Es wird aus volkswirtschaftlicher Sicht die Bedeutung der sozialistischen Intensivierung als gesellschaftlicher Prozeß zur Gestaltung des Sozialismus auf dem Lande und als Beitrag zum volkswirtschaftlichen Wachstum aufgezeigt und die Notwendigkeit der Übereinstimmung volkswirtschaftlicher Möglichkeiten mit den Anstrengungen und Interessen der LPG und VEG nachgewiesen. Die Vorstellungen über Größenordnungen zur Finanzierung der Inten-

sivierungsmaßnahmen über die Eigenerwirtschaftung werden dargelegt, und es wird erklärt, welche ökonomischen Gesichtspunkte beim Einsatz zu berücksichtigen sind (Sicherung der Produktionssteigerung entsprechend dem Plan, gesellschaftliches Entwicklungstempo, Rückflußdauer, sparsamer Materialeinsatz etc.).
Die Reihenfolge und Struktur von Intensivierungsmaßnahmen, besonders im Investitionsbereich, werden wie folgt begründet:
- Schwerpunkt ist die Vervielfachung des Qualifizierungsaufwandes
- Vorrang haben Investitionen zur Ertragssteigerung in der Pflanzenproduktion, deren Höhe begründet wird (etwa 50 % für Bodenfruchtbarkeit und komplexe Mechanisierung der Feldwirtschaft und Vorratswirtschaft)
- 15–20 % der akkumulierten Mittel sollten für die Erweiterung des Umlaufmittelfonds eingesetzt werden
- Investitionen zur Verlustsenkung und gleichzeitig zur Stabilisierung haben im Perspektivplanzeitraum eine hohe Effektivität
- für Bauten der Tierproduktion überwiegen Rationalisierungsmaßnahmen

Eine langfristige, zielstrebige Investitionspolitik auf der Grundlage des Perspektivplanes und intensiver wissenschaftlicher Arbeiten zur Begründung der effektivsten Wege ist ständig erforderlich.

Резюме

Название работы: О структуре, последовательности и эффективности мер по интенсификации в перспективный период с народнохозяйственной точки зрения

С народнохозяйственной точки зрения показывается значение социалистической интенсификации как общественного процесса по созданию социализма на селе и как вклад в рост народного хозяйства. Доказывается, что должно быть соответствие между народнохозяйственными возможностями и усилиями и интересами СХПК и народных имений. Излагаются представления об объеме финансирования мер по интенсификации за счет средств из собственного производства. Разъясняются экономические факторы, которые следует учитывать при их использовании (обеспечение роста производства в соответствии с планом, темп общественного развития, срок оборота капиталовложений, экономное использование материальных средств и т. п.). Последовательность и структура мер интенсификации, особенно в сфере капиталовложений обосновываются следующим образом:
- основным является увеличение использования квалификации.
- первое место занимают капиталовложения на повышение урожайности в растениеводстве, объем которых обосновывается (прибли-

зительно 50 % на повышение плодородия почвы и комплексную механизацию полеводства и хранилищное хозяйство)
- 15–20 % накопленных средств следует использовать на расширение фонда оборотных средств.
- В перспективный период большое значение приобретут капиталовложения, способствующие снижению потерь и стабилизации.
- В отношении строительства для животноводства преобладают меры по рационализации.

Для обоснования наиболее эффективного пути постоянно необходимо проводить долгосрочную и целенаправленную политику в области капиталовложений, основывающуюся на перспективном плане и интенсивных научно-исследовательских работах.

Summary

Title of the paper: Structure, sequence, and efficiency of intensification measures during the long-range planning period under the aspect of the national economy

The importance of socialist intensification as a social process in building socialism in the countryside and as a contribution to economic growth is discussed under the aspect of the national economy. The conformity between the national economic possibilities and the efforts and interests of co-operative and State-owned farms is shown to be essential. The ideas regarding orders of magnitude of financing intensification measures by using own-produced funds are set forth. The economic aspects to be taken into account under practical conditions (guaranteeing increase of production according to plan, rate of social development, rate of return, economical use of materials etc.) are explained. The sequence and structure of intensification measures, especially in the sector of investments, are motivated in the following way:

- Emphasis should be laid on the multiplication of input for career advancement (further education and training);
- Priority should be given to investments aimed at increased yields in crop production with the level of investments being warranted (some 50 per cent for raising soil fertility and for the complex mechanization of field husbandry, storage, and conservation);
- 15 to 20 per cent of the accumulated funds should be used for expanding circulating funds;
- Investments for cutting losses and simultaneous stabilization will turn out to be highly efficient in the long-range planning period;
- Rationalization measures rather than new constructions will prevail in farm buildings for livestock production.

A long-term systematic investment policy based on the long-range plan and on intensive research efforts is necessary for substantiating the most effective ways to embark upon.

Anschrift des Verfassers:

Prof. Dr. HANS SCHLICHT
Institut für Agrarökonomik Neetzow
der Deutschen Akademie
der Landwirtschaftswissenschaften zu Berlin
2141 Neetzow

Bei Fragen zur Produktsicherheit wenden Sie sich bitte an:
If you have any questions regarding product safety,
please contact:

Walter de Gruyter GmbH
Genthiner Straße 13
10785 Berlin
productsafety@degruyterbrill.com